ΣBEST
シグマベスト

トコトン算数

小学4年の計算ドリル

文英堂

この本の  組み立てと使い方

①～㊹ ▶ 練習問題で，1回分は2ページです。おちついて，ていねいに計算しましょう。

問題 ▶ 計算のしかたを説明するための問題です。

考え方 ▶ 計算のしかたが，くわしく書かれています。しっかり読んで，計算方法を身につけましょう。

答え ▶ **問題** の答えです。

● 計算は算数のきほんです！

計算ができないと，文章題のとき方がわかっても正しい答えは出せません。この本は，算数のきほんとなる計算力をアップさせ，しっかり身につくことを考えて作られています。

● 学習計画を立てよう！

1回分は見開き2ページで，54回分あります。同じような問題が数回分あるので，くり返し練習できます。無理のない計画を立て，学習する習かんを身につけましょう。

● 「まとめ」の問題でふく習しよう！

「まとめ」の問題で，それまでに計算練習したことをふく習しましょう。そして，どれだけ計算力が身についたかたしかめましょう。

● 答え合わせをして，まちがい直しをしよう！

1回分が終わったら答え合わせをして，まちがった問題はもう一度計算しましょう。まちがったままにしておくと，何度も同じまちがいをしてしまいます。どういうまちがいをしたかを知ることが計算力アップのポイントです。

● 得点を記録しよう！

この本の後ろにある「学習の記録」に，得点を記録しよう。そして，自分の苦手なところを見つけ，それをなくすようにがんばろう。

もくじ

1  大きな数 — ①

問題 次の計算をしましょう。

(1) 38兆＋54兆　　(2) 24億×7

考え方 1億や1兆がいくつになるかを考えます。

(1) 38兆は1兆が38こ，54兆は1兆が54こです。
　　合わせると，38＋54＝92より，1兆が92こですから，
　　　38兆＋54兆＝92兆

(2) 24億は1億が24こで，その7倍です。24×7＝168より，
　　　24億×7＝168億

答え (1) 92兆　　(2) 168億

1 次の計算をしましょう。

[1問 4点]

(1) 72万＋35万　　　(2) 52億＋66億

(3) 426兆＋318兆　　(4) 84万－61万

(5) 73億－48億　　　(6) 334兆－258兆

(7) 9億×8　　　　　(8) 36兆×5

(9) 48億÷6　　　　(10) 56兆÷7

2 次の計算をしましょう。

[1問　3点]

(1)　63万＋25万

(2)　52億＋84億

(3)　214億＋365億

(4)　49兆＋83兆

(5)　584兆＋215兆

(6)　67万－54万

(7)　84億－59億

(8)　305億－187億

(9)　71兆－49兆

(10)　651兆－492兆

(11)　4万×7

(12)　5億×8

(13)　63億×6

(14)　7兆×9

(15)　27兆×8

(16)　12万÷3

(17)　24億÷8

(18)　35億÷7

(19)　42兆÷6

(20)　72兆÷9

 2 大きな数 ― ②

問題 次の計算をしましょう。

(1) 123456×10　　(2) 123456×100

考え方 56×10＝560のように，10倍した答えは，かけられる数のうしろに0を1こつけた数です。

また，10倍の10倍が100倍ですから，100倍した答えは，かけられる数のうしろに0を2こつけた数です。

```
  123456  ⎫
 1234560  ⎬ 10倍
         ⎫ 10倍
12345600  ⎬
         ⎫ 10倍
123456000 ⎬
         ⎫ 10倍
1234560000⎭
```

答え (1) 1234560　　(2) 12345600

1 次の計算をしましょう。

[1問 5点]

(1) 39×10

(2) 471×10

(3) 5684×10

(4) 69183×10

(5) 764897×10

(6) 24×100

(7) 383×100

(8) 5042×100

(9) 80249×100

(10) 771054×100

問題 1234560 ÷ 10 を計算しましょう。

考え方 123456 × 10 ＝ 1234560

より，1234560 は 123456 を 10 こ あつめた数ですから，1234560 を 10 こに分けると，1 つ分は 123456 になります。つまり，

1234560 ÷ 10 ＝ 123456

となります。

このように，わられる数の一の位が 0 である数を 10 でわると，答えは，わられる数の一の位の 0 をとった数になります。

> 1234560000 ⎫ 10でわる
> 123456000 ⎫ 10でわる
> 12345600 ⎫ 10でわる
> 1234560 ⎫ 10でわる
> 123456

答え 123456

2 次の計算をしましょう。

[1問 5点]

(1) 640 ÷ 10

(2) 380 ÷ 10

(3) 1940 ÷ 10

(4) 5630 ÷ 10

(5) 8400 ÷ 10

(6) 7300 ÷ 10

(7) 35780 ÷ 10

(8) 42900 ÷ 10

(9) 612050 ÷ 10

(10) 3514090 ÷ 10

大きな数 —③

問題 次の計算をしましょう。

(1) 4000万×10　　(2) 5321億×100

考え方 (1) 10倍すると，位が1つずつ上がります。

千万の1つ上の位は一億の位ですから，

4000万×10＝4億

(2) 10倍の10倍が100倍ですから，位が2つずつ上がります。

5321億×100＝532100億

となりますが，右から4けたずつ区切って
考えると，この数は，53兆2100億です。

53	2100 億
兆	

答え (1) 4億　　(2) 53兆2100億

1 次の計算をしましょう。

[1問 5点]

(1) 300万×10

(2) 8000万×10

(3) 5200万×10

(4) 38億×10

(5) 6752億×10

(6) 3兆×100

(7) 500万×100

(8) 6800万×100

(9) 760億×100

(10) 8105億×100

問題　次の計算をしましょう。

(1) 4億÷10　(2) 4567兆÷10

考え方　10でわると，位が1つずつ下がります。

(1) 一億の1つ下の位は，千万の位ですから，

4億÷10＝4000万

となります。

(2) 一兆の1つ下の位は，千億の位ですから，

4567兆÷10＝456兆7000億

となります。

答え　(1) 4000万　(2) 456兆7000億

 次の計算をしましょう。

[1問 5点]

(1) 600万÷10

(2) 8000万÷10

(3) 70億÷10

(4) 6億÷10

(5) 51億÷10

(6) 753億÷10

(7) 50兆÷10

(8) 9兆÷10

(9) 83兆÷10

(10) 438兆÷10

 大きな数 — ④

問題 次の計算をしましょう。

(1) 4万×8万 　(2) 6億×3万

考え方 10×10×10×10＝10000ですから，
1万倍すると，位が4つ上がります。
つまり，

　　1万×1万＝1億　　1億×1万＝1兆

となります。

(1) 4万×8万＝4×1万×8×1万＝4×8×1万×1万＝32億

(2) 6億×3万＝6×1億×3×1万＝6×3×1億×1万＝18兆

答え (1) 32億　　(2) 18兆

1	⤵
1万	1万倍
1億	1万倍
1兆	1万倍

---

1 次の計算をしましょう。

[1問 4点]

(1) 7万×8万

(2) 5万×6万

(3) 15万×7万

(4) 74万×9万

(5) 3億×5万

(6) 7億×7万

(7) 62億×4万

(8) 8億×16万

(9) 7万×9億

(10) 81万×3億

次の計算をしましょう。 [1問 3点]

(1) 3万×8万　　(2) 9万×4万

(3) 12万×6万　　(4) 64万×7万

(5) 135万×4万　　(6) 641万×3万

(7) 43万×37万　　(8) 86万×34万

(9) 7億×2万　　(10) 6億×9万

(11) 33億×7万　　(12) 42億×8万

(13) 218億×6万　　(14) 743億×4万

(15) 2万×9億　　(16) 7万×5億

(17) 24万×4億　　(18) 52万×7億

(19) 52万×38億　　(20) 73万×19億

5 「大きな数」のまとめ

1 次の計算をしましょう。

[1問 2点]

(1)　41万＋38万

(2)　89万－52万

(3)　481万－335万

(4)　527万＋432万

(5)　68億＋21億

(6)　66億＋79億

(7)　96億－27億

(8)　83億－56億

(9)　557億－326億

(10)　513億＋264億

(11)　332億＋918億

(12)　644億－427億

(13)　23兆＋54兆

(14)　71兆－38兆

(15)　69兆＋77兆

(16)　92兆－65兆

(17)　338兆－244兆

(18)　208兆＋497兆

(19)　387兆＋414兆

(20)　902兆－683兆

勉強した日 　月　　日　　時間 **20分**　合かく点 **80点**　答え 別さつ**4**ページ　得点　　　点　色をぬろう 60 80 100

② 次の計算をしましょう。

[1問　3点]

(1) 3億×7

(2) 40億÷8

(3) 32兆×5

(4) 56兆÷7

(5) 8126×10

(6) 5203×100

(7) 4460÷10

(8) 64300÷10

(9) 37億×10

(10) 26兆×100

(11) 420億÷10

(12) 150兆÷10

(13) 7000万×10

(14) 5429億×10

(15) 8億÷10

(16) 72兆÷10

(17) 9万×3万

(18) 83万×7万

(19) 516億×8万

(20) 42億×6万

 わり算(1)── ①

問題　80÷4を計算しましょう。

考え方　80は10が8こです。これを4等分すると,
　　　8÷4＝2

つまり, 10が2こずつになります。

このことから,
　　　80÷4＝20
となることがわかります。

答え　20

 次の計算をしましょう。

［1問　5点］

(1)　40÷2

(2)　60÷3

(3)　70÷7

(4)　90÷3

(5)　240÷6

(6)　250÷5

(7)　320÷4

(8)　420÷7

(9)　300÷5

(10)　400÷8

勉強した日　月　日　｜　時間 **20分**　合かく点 **80点**　答え 別さつ**4**ページ　｜　得点　点　｜　色をぬろう 60 80 100

問題 600÷2を計算しましょう。

考え方　600は100が6こです。これを2等分すると，

6÷2＝3

つまり，100が3こずつになります。

このことから，

600÷2＝300

となることがわかります。

答え　300

2　次の計算をしましょう。

[1問　5点]

(1)　600÷3

(2)　800÷2

(3)　600÷6

(4)　400÷2

(5)　800÷4

(6)　500÷5

(7)　900÷3

(8)　700÷7

(9)　2000÷4

(10)　3000÷5

7 わり算(1) ― ②

問題 7÷2を，筆算（ひっさん）で計算（けいさん）しましょう。

考え方 7÷2＝3あまり1です。筆算では，次（つぎ）のように計算します。

ア　筆算でのわり算（ざん）は，このように書きます。

イ　商（しょう）の3を，7の上にたてます。

ウ　わる数（すう）の2と商の3をかけた6を，7の下に書きます。

エ　7から6をひいて，あまりは1となります。

```
  ア              イ    3         ウ    3          エ    3 ←商
2)7    ➡    2)7    ➡    2)7    ➡    2)7
                                   6              6
                                                 1 ←あまり
```

答え　3あまり1

1　筆算で，次の計算をしましょう。

［1問　5点］

(1) 2)5

(2) 3)7

(3) 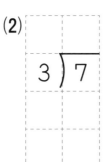 2)9

(4) 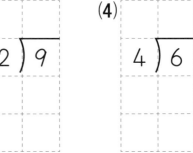 4)6

(5) 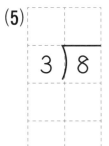 3)8

(6) 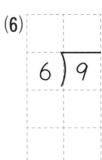 6)9

(7) 5)8

(8) 4)9

勉強した日　月　日

時間 **20分**　合かく点 **80点**　答え 別さつ **5ページ**

得点　点

色をぬろう 60 80 100

問題　38÷5を，筆算で計算しましょう。

考え方　38÷5＝7あまり3です。

ア　十の位について，3÷5はわれません。

イ　一の位まで考えて，38÷5の商の7を，一の位にたてます。

ウ　わる数の5と商の7をかけた35を，38の下に書きます。

エ　38から35をひいて，あまりは3となります。

ア	イ	ウ	エ
5)38	7 5)38	7 5)38 35	7←商 5)38 35 3←あまり

答え　7あまり3

② 筆算で，次の計算をしましょう。

[1問　10点]

(1)

5)27

(2)

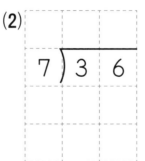

7)36

(3)

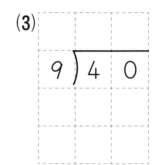

9)40

(4)

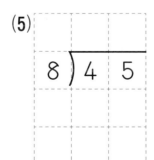

6)52

(5)

8)45

(6)

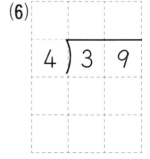

4)39

わり算(1)──③

問題 93÷4を，筆算で計算しましょう。

考え方 「たてる→かける→ひく→おろす」をくりかえします。

ア 十の位について，9÷4を考えます。

イ 2を**たてる**，4と2を**かける**，9から8を**ひく**。

ウ 一の位の3を**おろす**。

エ 13÷4で，3を**たてる**，4と3を**かける**，13から12を**ひく**。

```
ア              イ    2        ウ    2        エ    23 ←商
4)93     ➡   4)93    ➡    4)93     ➡   4)93
                   8              8↓              8
                   1             13             13
                                               12
                                                1 ←あまり
```

答え 23あまり1

---

1 筆算で，次の計算をしましょう。

[(1)，(2) 1問 9点，(3) 10点]

(1)

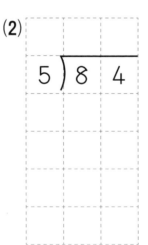

```
3)7 1
```

(2)

```
5)8 4
```

(3)

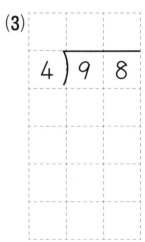

```
4)9 8
```

時間 **20分**　合かく点 **80点**　答え 別さつ5ページ

得点　　点

色をぬろう
60　80　100

② 筆算で，次の計算をしましょう。

[1問　8点]

(1)
$$4 \,)\, 5 \;\; 8$$

(2)
$$5 \,)\, 7 \;\; 6$$

(3)
$$2 \,)\, 9 \;\; 3$$

(4)
$$3 \,)\, 6 \;\; 7$$

(5)
$$7 \,)\, 8 \;\; 5$$

(6)
$$6 \,)\, 9 \;\; 5$$

(7)
$$5 \,)\, 8 \;\; 7$$

(8)
$$4 \,)\, 9 \;\; 1$$

(9)
$$3 \,)\, 8 \;\; 6$$

9 わり算(1)─④

問題 次のわり算を，筆算でしましょう。

(1) 68 ÷ 3　　(2) 83 ÷ 4

考え方 (1)「たてる→かける→ひく」で0になり，次におろす数が
あるときは，その0は書きません。

(2)「たてる→かける→ひく→おろす」で，商に0がたつときは，
「かける→ひく」を書きません。

(1)
```
      22 ←商
   3)68
      6
  0    8
  は    6
  書      2 ←あまり
  か
  な
  い
```

(2)
```
      20←商
   4)83
      8
        3 ←あまり
        0 ) ここは，
        3 ) 書かない
```

答え (1) 22あまり2　　(2) 20あまり3

1 筆算で，次の計算をしましょう。

[(1), (2) 1問 9点, (3) 10点]

(1)
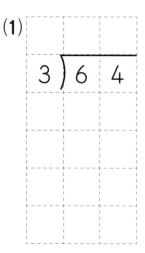

(2)
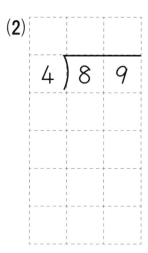

(3)

2　筆算で，次の計算をしましょう。

[1問　8点]

(1) 2)4 7

(2) 3)9 7

(3) 4)8 1

(4) 5)5 9

(5) 3)6 5

(6) 2)8 3

(7) 7)7 4

(8) 2)8 5

(9) 3)9 1

10 わり算(1) ― ⑤

1 筆算で，次の計算をしましょう。

[(1)～(8) 1問 5点, (9) 6点]

(1)

$7 \overline{)9\ 5}$

(2)

$4 \overline{)5\ 7}$

(3)

$3 \overline{)5\ 2}$

(4)

$3 \overline{)7\ 6}$

(5)

$3 \overline{)8\ 1}$

(6)

$5 \overline{)6\ 2}$

(7)

$7 \overline{)8\ 4}$

(8)

$3 \overline{)9\ 4}$

(9)

$8 \overline{)9\ 6}$

勉強した日　　月　　日

時間 **20分**　合かく点 **80点**　答え 別さつ 6ページ

得点　　　点

色をぬろう　60　80　100

② 筆算で，次の計算をしましょう。

[1問　6点]

(1)

$4\overline{)56}$

(2)

$5\overline{)63}$

(3)

$6\overline{)76}$

(4)

$8\overline{)90}$

(5)

$3\overline{)84}$

(6)

$2\overline{)77}$

(7)

$3\overline{)68}$

(8)

$4\overline{)67}$

(9)

$7\overline{)91}$

11 わり算(1) — ⑥

問題 537÷4を，筆算で計算しましょう。

考え方 （3けた）÷（1けた）のわり算も，（2けた）÷（1けた）と同じ
ように，「たてる→かける→ひく→おろす」をくりかえします。

```
      1              13             134
  4)537          4)537          4)537
    4              4              4
    1             13             13
                  12             12
                   1             17
                                 16
                                  1
```

答え 134あまり1

1 筆算で，次の計算をしましょう。

[(1), (2) 1問 9点，(3) 10点]

(1)
```
3)743
```

(2)
```
4)630
```

(3)
```
5)829
```

② 筆算で，次の計算をしましょう。

[1問 8点]

(1)

$$4 \overline{) 7\ 4\ 6}$$

(2)

$$3 \overline{) 5\ 6\ 0}$$

(3)

$$8 \overline{) 9\ 8\ 8}$$

(4)

$$6 \overline{) 8\ 0\ 2}$$

(5)

$$2 \overline{) 3\ 8\ 9}$$

(6)

$$7 \overline{) 9\ 2\ 4}$$

(7)

$$5 \overline{) 8\ 3\ 9}$$

(8)

$$3 \overline{) 4\ 0\ 9}$$

(9)

$$3 \overline{) 6\ 5\ 8}$$

わり算(1) ― ⑦

問題 次のわり算を，筆算で計算しましょう。

(1) $357 \div 4$　　(2) $626 \div 3$

考え方 (1) 百の位に商がたたないときは，十の位まで考えて，十の位に商をたてます。

(2) 「たてる→かける→ひく→おろす」で，商に0がたつときは，「かける→ひく」をはぶいて，次に進みます。

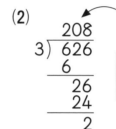

(1)
```
    89
4)357
  32
   37
   36
    1
```

(2)
```
   208
3)626
  6
   26
   24
    2
```

商の0をわすれずに書く

答え (1) 89あまり1　　(2) 208あまり2

 1 筆算で，次の計算をしましょう。　〔(1)，(2) 1問 9点，(3) 10点〕

(1)
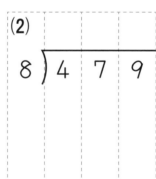
```
6)275
```

(2)
```
8)479
```

(3)
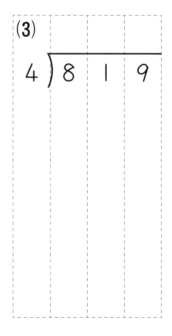
```
4)819
```

勉強した日　　月　　日

時間 20分　合かく点 80点　答え 別さつ 6ページ

得点　　点

色をぬろう
☆ ☆ ☆
60 80 100

2 筆算で，次の計算をしましょう。

[1問 8点]

(1)

$5 \overline{)432}$

(2)

$7 \overline{)233}$

(3)

$9 \overline{)647}$

(4)

$6 \overline{)425}$

(5)

$2 \overline{)359}$

(6)

$4 \overline{)828}$

(7)

$7 \overline{)652}$

(8)

$3 \overline{)617}$

(9)

$8 \overline{)427}$

13 わり算(1) ― ⑧

1 筆算で, 次の計算をしましょう。

[(1)〜(8) 1問 5点, (9) 6点]

(1)

$7 \overline{)864}$

(2)

$6 \overline{)257}$

(3)

$4 \overline{)509}$

(4)

$3 \overline{)621}$

(5)

$4 \overline{)854}$

(6)

$9 \overline{)788}$

(7)

$2 \overline{)971}$

(8)

$3 \overline{)902}$

(9)

$5 \overline{)924}$

時間 **20分**　合かく点 **80点**　答え 別さつ **7ページ**

得点 点

色をぬろう
60　80　100

2 筆算で，次の計算をしましょう。

[1問　6点]

(1)

$2 \overline{\smash{)}\,1\ 4\ 7}$

(2)

$3 \overline{\smash{)}\,3\ 4\ 8}$

(3)

$7 \overline{\smash{)}\,5\ 7\ 6}$

(4)

$5 \overline{\smash{)}\,6\ 3\ 4}$

(5)

$8 \overline{\smash{)}\,4\ 9\ 0}$

(6)

$4 \overline{\smash{)}\,7\ 3\ 4}$

(7)

$6 \overline{\smash{)}\,6\ 5\ 3}$

(8)

$9 \overline{\smash{)}\,8\ 4\ 5}$

(9)

$7 \overline{\smash{)}\,8\ 5\ 1}$

14 「わり算(1)」のまとめ

1 色紙が91まいあります。7人で同じ数ずつ分けると，1人分は何まいになりますか。 [15点]

式

答え

2 70mのロープがあります。これを，3mずつ切っていくと，3mのロープは何本できますか。また，何mあまりますか。 [15点]

式

答え

3 4人がけの長いすに，67人がすわるには，長いすはぜんぶで何きゃくいるでしょう。 [15点]

式

答え

④ 6人で，おかしを756円分買いました。1人何円ずつ出せばよいでしょう。 [15点]

式

答え

⑤ ふくろに同じノートが8さつ入っていて，その重さをはかると635gでした。ふくろの重さは3gです。このノート1さつの重さは何gでしょう。 [20点]

式

答え

⑥ 4m9cmのテープから，7cmのテープは何本切り取ることができますか。また，何cmあまりますか。 [20点]

式

答え

 **15** 小数 ── ①

問題 次の計算をしましょう。

(1) 3.52 ＋ 5.74　　(2) 0.563 － 0.284

考え方 整数の計算と同じように，位をそろえて筆算で計算します。

つまり，**小数点の位置をそろえてたてにならべて計算します。**

(1)
```
   3.52
 ＋ 5.74
   9.26
```

(2)
```
   0.563
 － 0.284
   0.279
```

答え (1) 9.26　　(2) 0.279

1 次の計算をしましょう。

[1問　4点]

(1) 0.23 ＋ 0.45

(2) 0.73 ＋ 0.17

(3) 0.46 ＋ 0.37

(4) 0.51 ＋ 0.96

(5) 2.64 ＋ 3.58

(6) 0.39 － 0.16

(7) 0.75 － 0.39

(8) 0.82 － 0.62

(9) 0.61 － 0.58

(10) 4.03 － 2.19

次の計算をしましょう。

[1問　3点]

(1)　$0.62 + 0.13$

(2)　$0.47 - 0.23$

(3)　$0.88 - 0.79$

(4)　$0.35 + 0.56$

(5)　$1.63 + 2.54$

(6)　$5.46 + 2.48$

(7)　$4.28 - 1.69$

(8)　$7.51 - 6.67$

(9)　$8.34 - 3.54$

(10)　$2.73 + 4.37$

(11)　$3.75 + 1.25$

(12)　$6.05 - 2.59$

(13)　$0.375 - 0.124$

(14)　$0.338 + 0.153$

(15)　$0.643 - 0.273$

(16)　$0.184 + 0.256$

(17)　$0.468 + 0.312$

(18)　$0.504 - 0.369$

(19)　$0.867 - 0.794$

(20)　$0.538 + 0.462$

16 小数 ― ②

問題 次の計算をしましょう。

(1) 1.58 ＋ 2.7　　(2) 0.34 － 0.194

考え方 小数点以下のけた数がちがうときは，けた数をそろえる意味で，

$$2.7 → 2.70 \qquad 0.34 → 0.340$$

のように，0をかくと計算しやすくなります。

(1)
```
   1.58
 ＋ 2.70
   4.28
```

(2)
```
   0.340
 － 0.194
   0.146
```

答え (1) 4.28　　(2) 0.146

1 次の計算をしましょう。

[1問 4点]

(1) 0.32 ＋ 0.5

(2) 0.4 ＋ 0.28

(3) 0.531 ＋ 0.2

(4) 0.317 ＋ 0.23

(5) 0.18 ＋ 0.524

(6) 0.45 － 0.2

(7) 0.9 － 0.67

(8) 0.774 － 0.59

(9) 0.82 － 0.582

(10) 1 － 0.384

2 次の計算をしましょう。

[1問　3点]

(1)　$2.54 + 1.3$

(2)　$5.75 - 3.5$

(3)　$6.7 - 2.18$

(4)　$4.43 + 2.7$

(5)　$5.2 - 2.54$

(6)　$1.45 + 5.8$

(7)　$4.3 + 0.96$

(8)　$8.02 - 4.7$

(9)　$6.42 - 3.4$

(10)　$3.27 + 6.8$

(11)　$3.1 - 1.82$

(12)　$4.2 + 2.89$

(13)　$0.454 - 0.23$

(14)　$0.358 + 0.24$

(15)　$0.43 - 0.209$

(16)　$0.14 + 0.397$

(17)　$0.813 + 0.3$

(18)　$0.8 - 0.352$

(19)　$0.7 - 0.694$

(20)　$0.5 + 0.787$

 「小数」のまとめ

1 次の計算をしましょう。

[1問 3点]

(1) $0.21 + 0.16$

(2) $0.67 - 0.48$

(3) $0.81 - 0.79$

(4) $0.46 + 0.24$

(5) $4.16 - 3.25$

(6) $5.53 + 2.68$

(7) $6.76 + 3.04$

(8) $9.43 - 5.63$

(9) $0.635 - 0.249$

(10) $0.167 + 0.534$

(11) $0.774 - 0.526$

(12) $0.432 + 0.568$

(13) $3.18 - 1.6$

(14) $5.2 + 1.37$

(15) $4.5 - 2.37$

(16) $6.24 + 2.8$

(17) $0.564 + 3.52$

(18) $2.9 - 0.395$

(19) $4 - 3.674$

(20) $0.533 + 0.47$

勉強した日　　月　　日　　時間 **20分**　合かく点 **80点**　答え 別さつ **9**ページ　得点 　　　点　色をぬろう 60 80 100

2 赤いテープが4.26m，青いテープが2.98mあります。赤いテープは，青いテープより何m長いでしょう。　[10点]

式

答え

3 大きい水そうには8.46L，小さい水そうには2.59Lの水が入っています。合わせると何Lになるでしょう。　[15点]

式

答え

4 みかんが，箱には8.35kg，ふくろには483gあります。ちがいは何kgでしょう。　[15点]

式

答え

わり算(2) ── ①

問題 80÷20を計算しましょう。

考え方 10円玉が8まいで80円です。これを20円，つまり，2まいずつ分けると，8÷2＝4だから，4つに分けられます。

これより，80÷20＝4

このように，10をもとにして考えると，

80÷20の商は，8÷2の商と等しい

ことがわかります。

答え 4

1 次の計算をしましょう。

[1問 5点]

(1) 40÷20

(2) 60÷20

(3) 80÷40

(4) 120÷30

(5) 180÷60

(6) 450÷50

(7) 480÷80

(8) 560÷70

(9) 360÷90

(10) 720÷80

問題 70÷30を計算しましょう。

考え方 10円玉が7まいで70円です。これを30円，つまり，3まいずつ分けると，

　　　7÷3＝2あまり1

だから，2つに分けられて，1まい，つまり，10円あまります。

これより，70÷30＝2あまり10

10をもとにしてわり算をしたときのあまりは，10がいくつあまるかを表しています。

答え 2あまり10

2 次の計算をしましょう。

[1問　5点]

(1)　90÷40

(2)　80÷30

(3)　110÷20

(4)　150÷40

(5)　210÷50

(6)　230÷60

(7)　300÷70

(8)　270÷80

(9)　410÷90

(10)　570÷70

わり算(2)──②

問題 74÷30を，筆算で計算しましょう。

考え方 わられる数の74を70とみて，70÷30，つまり，7÷3から商の見当をつけます。

ア 商の2を，一の位にたてます。

イ わる数の30と商の2をかけた60を，74の下に書きます。

ウ 74から60をひいて，あまりは14となります。

```
   ア    2        イ    2         ウ      2 ←商
   30) 74        30) 74          30) 74
                      60               60
                                       14 ←あまり
```

答え 2あまり14

1 次の計算をしましょう。

[1問 5点]

(1)
```
20) 5 3
```

(2)
```
30) 7 7
```

(3)
```
40) 9 4
```

(4)
```
50) 6 5
```

(5)
```
30) 8 8
```

(6)
```
20) 9 1
```

2 次の計算をしましょう。

[(1), (2) 1問 5点, (3)〜(12) 1問 6点]

(1)

$$60\,)\,2\;5\;8$$

(2)

$$70\,)\,3\;3\;7$$

(3)

$$40\,)\,2\;7\;5$$

(4)

$$50\,)\,3\;4\;1$$

(5)

$$30\,)\,2\;6\;2$$

(6)

$$20\,)\,1\;7\;8$$

(7)

$$80\,)\,3\;6\;6$$

(8)

$$90\,)\,4\;9\;8$$

(9)

$$70\,)\,4\;3\;2$$

(10)

$$40\,)\,3\;7\;7$$

(11)

$$80\,)\,6\;0\;3$$

(12)

$$90\,)\,7\;4\;9$$

20  わり算(2) ── ③

問題 85÷32を, 筆算で計算しましょう。

考え方 わる数の32を30とみて, 85÷30から商の見当をつけます。

ア 商の2を, 一の位にたてます。

イ わる数の32と商の2をかけた64を, 85の下に書きます。

ウ 85から64をひいて, あまりは21となります。

```
  ア    2        イ    2        ウ      2 ←商
  32)  85        32)  85        32)  85
                       64             64
                                      21 ←あまり
```

答え 2あまり21

1 次の計算をしましょう。

[1問 5点]

(1)
```
21) 6 7
```

(2)
```
32) 7 8
```

(3)
```
41) 9 2
```

(4)
```
34) 8 3
```

(5)
```
23) 9 5
```

(6)
```
56) 7 9
```

勉強した日　　月　　日　　　時間 20分　合かく点 80点　答え 別さつ 10ページ　得点　　点　　色をぬろう 60 80 100

2 次の計算をしましょう。

[(1), (2) 1問 5点, (3)〜(12) 1問 6点]

(1)

$$62\overline{)187}$$

(2)

$$83\overline{)279}$$

(3)

$$21\overline{)147}$$

(4)

$$52\overline{)235}$$

(5)

$$73\overline{)453}$$

(6)

$$32\overline{)256}$$

(7)

$$81\overline{)567}$$

(8)

$$43\overline{)310}$$

(9)

$$91\overline{)654}$$

(10)

$$33\overline{)172}$$

(11)

$$51\overline{)408}$$

(12)

$$72\overline{)371}$$

21  わり算(2) ― ④

問題 76÷17を，筆算で計算しましょう。

考え方 わる数の17を20とみて，76÷20から商の見当を3とつけると，あまりは25となり，わる数より大きくなるので，商を1大きくして計算しなおします。このように，商の見当が

　　　小さすぎたときは1大きくし，

　　　大きすぎたときは1小さくして，

計算しなおします。

```
      3                    4                    5
17)76     商を1大    17)76     商を1小    17)76
   51     きくする      68     さくする      85
   25        ⇒          8        ⇐
```

| わる数より大きい |

| ひけない |

答え 4あまり8

1 次の計算をしましょう。

[1問 5点]

(1)
```
17)5 4
```

(2)
```
18)9 5
```

(3)
```
21)8 3
```

(4)
```
31)6 1
```

(5)
```
19)7 6
```

(6)
```
24)9 3
```

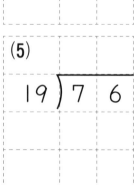

勉強した日　　月　　日

時間 **20分**　合かく点 **80点**　答え 別さつ**10**ページ　得点　点　色をぬろう ☆☆☆ 60 80 100

2　次の計算をしましょう。

[(1), (2)　1問　5点, (3)〜(12)　1問　6点]

(1)

$42 \overline{)125}$

(2)

$39 \overline{)236}$

(3)

$54 \overline{)286}$

(4)

$57 \overline{)402}$

(5)

$62 \overline{)597}$

(6)

$34 \overline{)271}$

(7)

$29 \overline{)203}$

(8)

$78 \overline{)638}$

(9)

$71 \overline{)353}$

(10)

$88 \overline{)612}$

(11)

$43 \overline{)300}$

(12)

$69 \overline{)552}$

22 わり算(2) — ⑤

1 次の計算をしましょう。

［1問 4点］

(1)
$$15 \overline{)130}$$

(2)
$$43 \overline{)128}$$

(3)
$$34 \overline{)136}$$

(4)
$$27 \overline{)238}$$

(5)
$$44 \overline{)264}$$

(6)
$$52 \overline{)309}$$

(7)
$$61 \overline{)432}$$

(8)
$$82 \overline{)493}$$

(9)
$$72 \overline{)360}$$

(10)
$$37 \overline{)222}$$

(11)
$$91 \overline{)583}$$

(12)
$$68 \overline{)345}$$

2　次の計算をしましょう。

[(1)〜(8)　1問　4点，(9)〜(12)　1問　5点]

(1)

15) 1 0 4

(2)

36) 2 2 3

(3)

25) 2 0 0

(4)

56) 3 9 4

(5)

64) 4 4 8

(6)

45) 3 5 7

(7)

86) 5 0 4

(8)

74) 3 6 9

(9)

95) 5 6 7

(10)

37) 3 3 3

(11)

55) 3 7 6

(12)

76) 6 0 1

48

23 わり算(2) ― ⑥

問題 854÷36を，筆算で計算しましょう。

考え方 わられる数の上から2けたの数は85で，これはわる数の36より大きいので，十の位に商がたちます。

たてる→かける→ひく→おろす

をくりかえして計算します。

ア　85÷36を計算して，商が2，あまりが13

イ　わられる数の一の位の4をおろす

ウ　134÷36を計算して，商が3，あまりが26

```
ア    2          イ    2          ウ      23 ←商
36)854    →   36)854    →   36)854
    72            72               72
    13           134              134
                                  108
                                   26 ←あまり
```

答え 23あまり26

1 次の計算をしましょう。

[(1)，(2) 1問 9点，(3) 10点]

(1)	(2)	(3)
26)5 6 1	14)6 4 3	48)9 1 2

2 次の計算をしましょう。

[1問 8点]

(1)

$$35 \overline{)647}$$

(2)

$$28 \overline{)843}$$

(3)

$$37 \overline{)555}$$

(4)

$$13 \overline{)629}$$

(5)

$$59 \overline{)718}$$

(6)

$$24 \overline{)946}$$

(7)

$$41 \overline{)857}$$

(8)

$$15 \overline{)765}$$

(9)

$$43 \overline{)832}$$

24 わり算(2) ── ⑦

1 次の計算をしましょう。

[(1)〜(8) 1問 5点, (9) 6点]

(1)

21) 4 5 9

(2)

47) 5 5 3

(3)

17) 6 4 6

(4)

19) 7 2 0

(5)

38) 9 4 1

(6)

51) 7 7 2

(7)

43) 8 9 7

(8)

27) 4 5 9

(9)

16) 6 0 9

② 次の計算をしましょう。

[1問 6点]

(1)

14) 8 2 1

(2)

23) 6 6 8

(3)

39) 5 0 7

(4)

63) 9 7 2

(5)

54) 7 5 6

(6)

41) 9 5 0

(7)

18) 8 3 5

(8)

46) 9 8 0

(9)

37) 9 9 9

「わり算(2)」のまとめ ── ①

1 次の計算をしましょう。

[(1)～(8) 1問 5点, (9) 6点]

(1)

$21\overline{)165}$

(2)

$34\overline{)247}$

(3)

$42\overline{)798}$

(4)

$45\overline{)536}$

(5)

$36\overline{)288}$

(6)

$25\overline{)830}$

(7)

$74\overline{)400}$

(8)

$93\overline{)687}$

(9)

$37\overline{)777}$

2 次の計算をしましょう。

[1問 6点]

(1) 35) 5 7 8

(2) 26) 8 3 2

(3) 15) 9 1 1

(4) 92) 4 6 7

(5) 47) 3 7 5

(6) 64) 7 2 0

(7) 87) 6 2 1

(8) 58) 8 1 2

(9) 72) 4 9 7

26 「わり算(2)」のまとめ ― ②

1 96本のえんぴつを，1人に18本ずつ分けると，何人に分けられますか。また，何本あまりますか。 [15点]

式

答え

2 500円で，1本84円のジュースは何本買うことができますか。また，何円あまりますか。 [15点]

式

答え

3 ある自動車が636kmを走るのに，ガソリンを53L使いました。この自動車は，ガソリン1Lで何km走ったことになりますか。 [15点]

式

答え

勉強した日　月　日　時間 20分　合かく点 80点　答え 別さつ13ページ　得点　点　色をぬろう 60 80 100

4 同じ大きさの荷物が495こあります。これを72こずつトラックに積んで運びます。トラックは何台いるでしょう。 [15点]

式 _____

答え _____

5 240ページの本があります。1日に14ページずつ読むと，何日で読み終わりますか。 [20点]

式 _____

答え _____

6 画用紙を37まい買って500円出すと，おつりは56円でした。画用紙は1まいいくらでしょう。 [20点]

式 _____

答え _____

がい数とその計算 ― ①

問題 次の数を，千の位までのがい数で表しましょう。

(1) 32498　　(2) 27513

考え方 0，1，2，3，4のときは0にし，5，6，7，8，9のとき
は上の位に1くり上げることを**四捨五入**といいます。がい数で表
すときは，求める位の1つ下の位の数を四捨五入します。

(1) 百の位の4を切り捨て　　(2) 百の位の5を切り上げ

$$3\overset{000}{2\cancel{498}}$$

$$2\overset{8\ 000}{7\cancel{518}}$$

↓　　　　　　　　　　↓

32000　　　　　　　28000

答え (1) 32000　　(2) 28000

1

四捨五入して，（　）に書かれているがい数で表しましょう。

[1問　5点]

(1) 12505（千の位まで）　　(2) 23481（千の位まで）

(3) 54219（百の位まで）　　(4) 42164（百の位まで）

(5) 641251（一万の位まで）　　(6) 708916（一万の位まで）

(7) 248314（千の位まで）　　(8) 829567（千の位まで）

(9) 9252143（一万の位まで）　　(10) 5218446（一万の位まで）

問題　次の数を，上から2けたのがい数で表しましょう。

(1)　25341　　(2)　628415

考え方　上から2けたのがい数で表すときは，上から3けた目を四捨五入します。

(1)　百の位の3を切り捨て　　(2)　千の位の8を切り上げ

25~~341~~　　　628~~415~~
　000　　　　　　　3 0000
↓　　　　　　　　↓
25000　　　　　630000

答え　(1)　25000　　(2)　630000

2 四捨五入して，（　）に書かれているけたまでのがい数で表しましょう。

[1問　5点]

(1)　32541（上から2けた）　(2)　20184（上から2けた）

(3)　56459（上から2けた）　(4)　39510（上から2けた）

(5)　15054（上から3けた）　(6)　316452（上から3けた）

(7)　51604（上から1けた）　(8)　462081（上から1けた）

(9)　915014（上から2けた）　(10)　298401（上から2けた）

28 がい数とその計算 ― ②

問題 次の和や差を，千の位までのがい数で見積もりましょう。

(1) 48627 ＋ 32167　　(2) 75425 － 26714

考え方 1つ下の百の位を四捨五入してから計算します。

(1) 48627 → 49000, 32167 → 32000 ですから，和は，

49000 ＋ 32000 ＝ 81000

(2) 75425 → 75000, 26714 → 27000 ですから，差は，

75000 － 27000 ＝ 48000

答え (1) 81000　　(2) 48000

1

上から2けたのがい数にしてから，次の和や差を見積もりましょう。

[1問　10点]

(1) 6541 ＋ 3273

6541 → ＿＿＿＿＿＿＿　　3273 → ＿＿＿＿＿＿＿

式 ＿＿＿＿＿＿＿＿＿＿＿＿＿＿＿＿＿＿＿＿＿＿

(2) 8853 － 2619

8853 → ＿＿＿＿＿＿＿　　2619 → ＿＿＿＿＿＿＿

式 ＿＿＿＿＿＿＿＿＿＿＿＿＿＿＿＿＿＿＿＿＿＿

(3) 51916 ＋ 32368

51916 → ＿＿＿＿＿＿＿　　32368 → ＿＿＿＿＿＿＿

式 ＿＿＿＿＿＿＿＿＿＿＿＿＿＿＿＿＿＿＿＿＿＿

② （　）に書かれているがい数にしてから，次の和や差を見積もりましょう。

[1問　14点]

(1)　81475＋48723（千の位までのがい数）

81475 → _____　48723 → _____

式 _____

(2)　92564－54802（百の位までのがい数）

92564 → _____　54802 → _____

式 _____

(3)　236457＋324196（上から2けたのがい数）

236457 → _____　324196 → _____

式 _____

(4)　51503－38624（上から2けたのがい数）

51503 → _____　38624 → _____

式 _____

(5)　66724＋27949（上から3けたのがい数）

66724 → _____　27949 → _____

式 _____

29 がい数とその計算 — ③

問題 かけられる数とかける数を上から1けたのがい数にして，次の積を見積もりましょう。

(1) 1970×298 (2) 3084×6897

考え方 (1) 1970→2000, 298→300ですから，積は，

2000×300＝600000

(2) 3084→3000, 6897→7000ですから，積は，

3000×7000＝21000000

答え (1) 600000 (2) 21000000

1 上から1けたのがい数にしてから，次の積を見積もりましょう。

[1問 10点]

(1) 912×39

912→＿＿＿＿＿＿　39→＿＿＿＿＿＿

式 ＿＿＿＿＿＿＿＿＿＿＿＿＿＿＿＿＿

(2) 802×498

802→＿＿＿＿＿＿　498→＿＿＿＿＿＿

式 ＿＿＿＿＿＿＿＿＿＿＿＿＿＿＿＿＿

(3) 6861×819

6861→＿＿＿＿＿＿　819→＿＿＿＿＿＿

式 ＿＿＿＿＿＿＿＿＿＿＿＿＿＿＿＿＿

2 上から1けたのがい数にしてから，次の積を見積もりましょう。

[1問　14点]

(1) 384 × 679

384 → ＿＿＿＿　　679 → ＿＿＿＿

式 ＿＿＿＿＿＿＿＿＿＿＿＿＿

(2) 7219 × 528

7219 → ＿＿＿＿　　528 → ＿＿＿＿

式 ＿＿＿＿＿＿＿＿＿＿＿＿＿

(3) 774 × 5178

774 → ＿＿＿＿　　5178 → ＿＿＿＿

式 ＿＿＿＿＿＿＿＿＿＿＿＿＿

(4) 3146 × 684

3146 → ＿＿＿＿　　684 → ＿＿＿＿

式 ＿＿＿＿＿＿＿＿＿＿＿＿＿

(5) 90347 × 5261

90347 → ＿＿＿＿　　5261 → ＿＿＿＿

式 ＿＿＿＿＿＿＿＿＿＿＿＿＿

 **30** がい数とその計算 ― ④

問題 わられる数は上から2けた，わる数は上から1けたの
がい数にして，次の商を見積もりましょう。

(1)　3024÷53　　(2)　41984÷596

考え方 (1)　3024→3000，53→50 ですから，商は，
　　　　　3000÷50＝60

(2)　41984→42000，596→600 ですから，商は，
　　　　42000÷600＝70

答え (1)　60　　(2)　70

1 わられる数は上から2けた，わる数は上から1けたのがい数に
してから，次の商を見積もりましょう。

［1問　10点］

(1)　7198÷87

　　　　　7198→＿＿＿＿＿　　　　87→＿＿＿＿＿

　式＿＿＿＿＿＿＿＿＿＿＿＿＿＿＿＿＿＿＿＿

(2)　63159÷71

　　　　　63159→＿＿＿＿＿　　　71→＿＿＿＿＿

　式＿＿＿＿＿＿＿＿＿＿＿＿＿＿＿＿＿＿＿＿

(3)　55894÷813

　　　　55894→＿＿＿＿＿　　　813→＿＿＿＿＿

　式＿＿＿＿＿＿＿＿＿＿＿＿＿＿＿＿＿＿＿＿

❷ わられる数は上から2けた，わる数は上から1けたのがい数にしてから，次の商を見積もりましょう。

[1問　14点]

(1) $64137 \div 79$

$64137 \rightarrow$ ＿＿＿＿＿＿　　$79 \rightarrow$ ＿＿＿＿＿＿

式

(2) $53946 \div 624$

$53946 \rightarrow$ ＿＿＿＿＿＿　　$624 \rightarrow$ ＿＿＿＿＿＿

式

(3) $242678 \div 827$

$242678 \rightarrow$ ＿＿＿＿＿＿　　$827 \rightarrow$ ＿＿＿＿＿＿

式

(4) $39627 \div 486$

$39627 \rightarrow$ ＿＿＿＿＿＿　　$486 \rightarrow$ ＿＿＿＿＿＿

式

(5) $48763 \div 6892$

$48763 \rightarrow$ ＿＿＿＿＿＿　　$6892 \rightarrow$ ＿＿＿＿＿＿

式

31 「がい数とその計算」のまとめ

1 1890円のセーターと，3680円のトレーナーを買います。代金はいくらぐらいでしょう。上から2けたのがい数にして計算しましょう。 [15点]

式

答え

2 ある球場の日曜日の入場者数は52637人，月曜日の入場者数は28409人でした。2日間の入場者数の合計を千の位までのがい数にして計算しましょう。 [15点]

式

答え

3 あるデパートで土曜日に来た人の数は，男の人が4934人，女の人が12438人でした。女の人は男の人よりおよそ何人多いでしょう。千の位までのがい数にして計算しましょう。 [15点]

式

答え

4 1さつ780円の本を41さつ買います。代金はおよそいくらでしょう。上から1けたのがい数にしてから見積もりましょう。

[15点]

式 _____

答え _____

5 1こ2980円の商品が615こあります。ぜんぶ売れたとすると，売り上げはおよそいくらでしょう。上から1けたのがい数にしてから見積もりましょう。

[20点]

式 _____

答え _____

6 284人で遠足に行きました。自然文化園の入園料は36352円でした。1人分の入園料はおよそ何円でしょう。人数は上から1けた，入園料は上から2けたのがい数にしてから見積もりましょう。

[20点]

式 _____

答え _____

32 式と計算 ─ ①

問題 次の計算をしましょう。

(1) 36 − (52 − 41)　　(2) 72 ÷ (2 × 4)

考え方 （　）がある式は，（　）のなかを先に計算します。

(1) 36 − (52 − 41) = 36 − 11 = 25

(2) 72 ÷ (2 × 4) = 72 ÷ 8 = 9

答え (1) 25　　(2) 9

1 次の計算をしましょう。

[1問　4点]

(1) 78 − (25 + 16)　　　(2) 61 − (43 − 28)

(3) 12 × (34 − 27)　　　(4) (9 + 7) × 25

(5) 37 × (40 − 22)　　　(6) (55 + 26) ÷ 9

(7) 56 ÷ (14 − 6)　　　(8) (88 − 24) ÷ 8

(9) 32 ÷ 4 × 2　　　(10) 32 ÷ (4 × 2)

2 次の計算をしましょう。

[1問　3点]

(1)　25＋(17＋16)

(2)　31＋(37－14)

(3)　73－(24＋27)

(4)　48－(55－36)

(5)　(44＋16)×7

(6)　9×(53－23)

(7)　(75－43)×5

(8)　12×(26＋32)

(9)　(32＋24)÷8

(10)　45÷(25－16)

(11)　(120－57)÷7

(12)　64÷(6＋2)

(13)　40÷(48÷6)

(14)　(6＋8)×(14－5)

(15)　24÷4×2

(16)　24÷(4×2)

(17)　24÷4÷2

(18)　24÷(4÷2)

(19)　(35－7)÷(7－3)

(20)　(35－7)÷7－3

 **33** 式と計算 ― ②

問題 次の計算をしましょう。

(1) 36−5×4　　(2) 25+15÷3

考え方 式のなかのかけ算やわり算は,（ ）がなくてもたし算や

ひき算より先に計算するきまりになっています。

(1) 36 − 5 × 4 = 36 − 20 = 16

(2) 25 + 15 ÷ 3 = 25 + 5 = 30

答え (1) 16　　(2) 30

---

1 次の計算をしましょう。

[1問 4点]

(1) 36＋5×9

(2) 69−8×7

(3) 71＋48÷6

(4) 48−56÷8

(5) 3×7＋4×2

(6) 5×6−2×7

(7) 8×5−24÷4

(8) 28÷7＋9×3

(9) 54÷6＋4×8

(10) 35÷5＋42÷7

2　次の計算をしましょう。　[1問　3点]

(1)　$15 + 6 \times 7$

(2)　$9 \times 7 + 16$

(3)　$6 \times 5 - 28$

(4)　$46 - 5 \times 7$

(5)　$54 \div 6 - 8$

(6)　$27 + 36 \div 9$

(7)　$56 - 35 \div 7$

(8)　$72 \div 8 + 35$

(9)　$4 \times 7 + 36 \div 6$

(10)　$6 + 4 \times 8 - 7$

(11)　$(24 + 13) \times 6$

(12)　$24 + 13 \times 6$

(13)　$(65 - 18) \times 3$

(14)　$65 - 18 \times 3$

(15)　$16 \times (32 - 14)$

(16)　$16 \times 32 - 14$

(17)　$25 \times (23 + 17)$

(18)　$25 \times 23 + 17$

(19)　$(35 + 28) \div 7$

(20)　$35 + 28 \div 7$

 **34** **式と計算 —③**

問題 計算のじゅんじょに気をつけて，次の計算をしましょう。

$9+(17-5)\times7-48\div6$

考え方 計算のじゅんじょは，次のようになります。

ア　ふつうは，左からじゅんに計算する。

イ　（　）のある式は，（　）のなかを先に計算する。

ウ　×や÷は，＋や−より先に計算する。

$9+(17-5)\times7-48\div6$ 　（　）のなかを計算

$=9+12\times7-48\div6$ 　かけ算とわり算を計算

$=9+84-8$ 　左からじゅんに計算

$=85$

答え 85

1 次の計算をしましょう。 [1問　7点]

(1) $7\times15-9\div3$

(2) $7\times(15-9)\div3$

(3) $(7\times15-9)\div3$

(4) $7\times(15-9\div3)$

勉強した日　　月　　日

 次の計算をしましょう。

[1問 8点]

(1) $50 - 49 \div 7 + 6 \times 8$

(2) $8 \times 7 - 32 + 36 \div 4$

(3) $35 + (6 + 8) \times 4 \div 7 - 12$

(4) $(26 - 2) \div 8 + (16 + 26) \div 7$

(5) $41 - (54 + 18) \div (36 - 28) + 9 \times 2$

(6) $(38 - 14) \div 6 \times 3 + (41 + 13) \div 9$

(7) $48 \div (2 \times 3) \times 7 - 37$

(8) $55 + 14 \times (26 - 19) - (49 + 23) \div 8$

(9) $(44 - 4 \times 7) \div 8 \times 9 + (25 - 22) \times (25 + 12)$

35 式と計算 — ④

1 2, 3, 5, 6と, ＋, －, ×, ÷, ( )を使って, 答えが0, 1, 2, 3, 4, 5, 6, 7, 8, 9になる式をつくりましょう。[1問 5点]

6	5	2	3	=	0

6	3	2	5	=	1

3	6	5	2	=	2

2	5	6	3	=	3

6	2	3	5	=	4

5	2	3	6	=	5

3	2	6	5	=	6

2	3	6	5	=	7

3	6	5	2	=	8

5	6	3	2	=	9

勉強した日　月　　日

時間 **20分**　合かく点 **80点**　答え 別さつ**17**ページ

得点　　　点

色をぬろう 60 80 100

　2, 3, 5, 7と, ＋, －, ×, ÷, （　）を使って, 答えが1, 2, 3, 4, 5, 6, 7, 8, 9, 10になる式をつくりましょう。　［1問 5点］

7　　5　　2　　3　　＝　1

5　　7　　3　　2　　＝　2

3　　7　　5　　2　　＝　3

2　　3　　7　　5　　＝　4

7　　3　　2　　5　　＝　5

2　　7　　5　　3　　＝　6

5　　3　　7　　2　　＝　7

3　　2　　7　　5　　＝　8

7　　5　　2　　3　　＝　9

5　　7　　2　　3　　＝　10

36 「式と計算」のまとめ

1 １本42円のえんぴつを，みひろさんは12本，みつきさんは15本買いました。代金は2人分合わせていくらでしょう。式は１つにまとめましょう。　　[15点]

式 _____

答え _____

2 １こ63円の消しゴム１ことと，１本45円のえんぴつを7本買いました。代金はいくらでしょう。式は１つにまとめましょう。　　[15点]

式 _____

答え _____

3 2mのリボンから，6cmのリボンを28本切り取りました。残りは何cmでしょう。式は１つにまとめましょう。　　[15点]

式 _____

答え _____

④ 500mL入りと350mL入りのオレンジジュースが1本ずつあります。これを，5人で同じ量ずつコップに入れて分けます。1人分は何mLになりますか。式は1つにまとめましょう。 [15点]

式

答え

⑤ おとな6人，子ども14人で，市民プールへ行きました。入場料は，おとなは400円，子どもは150円です。全員分の入場料はいくらになるでしょう。式は1つにまとめましょう。 [20点]

式

答え

⑥ たまご6こ入りのパックの重さをはかると331gでした。パックの重さが7gのとき，たまご1この重さは何gでしょう。式は1つにまとめましょう。 [20点]

式

答え

 **37** 小数のかけ算 —— ①

問題 次の計算をしましょう。

(1) 0.6×4　(2) 1.4×7

考え方 0.1がいくつになるかを考えます。

(1) 0.6は，0.1が6こです。その4倍ですから，6×4＝24より，0.1が24こになります。これより，

　　0.6×4＝2.4

(2) 1.4は，0.1が14こです。その7倍ですから，14×7＝98より，0.1が98こになります。これより，

　　1.4×7＝9.8

答え (1) 2.4　(2) 9.8

1 次の計算をしましょう。 [(1)～(4) 1問 4点, (5)～(10) 1問 5点]

(1) 7×8

(2) 0.7×8

(3) 9×6

(4) 0.9×6

(5) 18×4

(6) 1.8×4

(7) 26×3

(8) 2.6×3

(9) 47×9

(10) 4.7×9

勉強した日　月　日

時間 (20分)　合かく点 (80点)　答え 別さつ18ページ　得点 点

色をぬろう ☆60 ☆80 ☆100

(問題) 3.8×7を，筆算で計算しましょう。

(考え方) 筆算では，次のようにして計算します。

ア 右はしをそろえて，たてにならべて書く。

イ 小数点はないものとして，整数のかけ算と考えて計算する。

ウ かけられる数にそろえて，積に小数点を打つ。

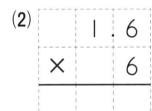

```
  ア              イ              ウ
    3.8             3.8             3.8
  ×   7    ➡     ×   7    ➡     ×   7
                  26 6            26.6
              整数と考えて計算      小数点を打つ
```

(答え) 26.6

 次の計算をしましょう。

[1問 6点]

(1)
```
    0.8
  ×   4
```

(2)
```
    1.6
  ×   6
```

(3)
```
    2.3
  ×   4
```

(4)
```
    4.3
  ×   3
```

(5)
```
    5.4
  ×   4
```

(6)
```
    6.7
  ×   8
```

(7)
```
    7.4
  ×   6
```

(8)
```
    8.6
  ×   7
```

(9)
```
    9.1
  ×   5
```

38 小数のかけ算 —②

1 次の計算をしましょう。

[1問 3点]

(1)
```
    1.7
×    5
```

(2)
```
    2.8
×    3
```

(3)
```
    4.6
×    4
```

(4)
```
    6.2
×    7
```

(5)
```
    9.4
×    6
```

(6)
```
    3.7
×    8
```

(7)
```
    5.3
×    9
```

(8)
```
    8.5
×    7
```

(9)
```
    6.9
×    6
```

(10)
```
    0.4
×    2
```

(11)
```
    4.8
×    5
```

(12)
```
    3.9
×    6
```

(13)
```
    5.4
×    5
```

(14)
```
    8.9
×    7
```

(15)
```
    7.5
×    4
```

2　次の計算をしましょう。　[(1)〜(5)　1問　3点, (6)〜(15)　1問　4点]

(1)
```
  1 3.2
×     3
```

(2)
```
  3 0.6
×     7
```

(3)
```
  4 2.3
×     2
```

(4)
```
  2 8.5
×     9
```

(5)
```
  7 2.6
×     4
```

(6)
```
  5 7.1
×     8
```

(7)
```
  3 4.8
×     6
```

(8)
```
  6 4.5
×     5
```

(9)
```
  9 1.7
×     3
```

(10)
```
  8 2.4
×     5
```

(11)
```
  5 1.6
×     7
```

(12)
```
  7 8.5
×     4
```

(13)
```
  6 6.8
×     8
```

(14)
```
  1 4.8
×     6
```

(15)
```
  4 7.9
×     9
```

39  小数のかけ算 ── ③

問題 2.7×38を，筆算で計算しましょう。

考え方 かける数が2けたの場合も，整数のかけ算と同じように計算します。答えの小数点の位置に気をつけます。

ア 右はしをそろえて，たてにならべて書く。

イ 小数点はないものとして，整数のかけ算と考えて計算する。

ウ かけられる数にそろえて，積に小数点を打つ。

```
    2.7
 ×  38
   216
   81
 102.6
```
小数点を打つ

答え 102.6

1 次の計算をしましょう。

[(1)～(5) 1問 6点, (6) 7点]

(1)
```
   3.5
 × 2 7
```

(2)
```
   5.3
 × 3 6
```

(3)
```
   6.7
 × 1 9
```

(4)
```
   7.5
 × 6 8
```

(5)
```
   4.1
 × 7 3
```

(6)
```
   8.5
 × 9 6
```

2 次の計算をしましょう。

[1問　7点]

(1)
```
    9.2
×   4 8
```

(2)
```
    6.3
×   5 4
```

(3)
```
    2.9
×   3 9
```

(4)
```
    3.8
×   6 7
```

(5)
```
    1.7
×   8 3
```

(6)
```
    5.4
×   4 6
```

(7)
```
    7.4
×   5 6
```

(8)
```
    4.5
×   2 8
```

(9)
```
    8.9
×   6 1
```

小数のかけ算 — ④

問題 1.57×4を，筆算で計算しましょう。

考え方 0.01をもとにして考えると，1.57は0.01が157こで，その4倍ですから，157×4＝628より，答えは0.01が628こ，つまり，6.28となります。筆算では，次のように計算します。

ア 右はしをそろえて，たてにならべて書く。

イ 小数点はないものとして，整数のかけ算と考えて計算する。

ウ かけられる数にそろえて，積に小数点を打つ。

$$\begin{array}{r} 1.57 \\ \times\ \ \ 4 \\ \hline 6.28 \end{array}$$
↑ 小数点を打つ

答え 6.28

1 次の計算をしましょう。

[1問 4点]

(1)
$$\begin{array}{r} 0.56 \\ \times\ \ \ 7 \\ \hline \end{array}$$

(2)
$$\begin{array}{r} 0.79 \\ \times\ \ \ 6 \\ \hline \end{array}$$

(3)
$$\begin{array}{r} 1.64 \\ \times\ \ \ 5 \\ \hline \end{array}$$

(4)
$$\begin{array}{r} 2.48 \\ \times\ \ \ 3 \\ \hline \end{array}$$

(5)
$$\begin{array}{r} 4.17 \\ \times\ \ \ 8 \\ \hline \end{array}$$

(6)
$$\begin{array}{r} 7.25 \\ \times\ \ \ 4 \\ \hline \end{array}$$

(7)
$$\begin{array}{r} 6.74 \\ \times\ \ \ 8 \\ \hline \end{array}$$

(8)
$$\begin{array}{r} 5.18 \\ \times\ \ \ 9 \\ \hline \end{array}$$

(9)
$$\begin{array}{r} 9.41 \\ \times\ \ \ 7 \\ \hline \end{array}$$

勉強した日　月　日

② 次の計算をしましょう。

[(1)～(11) 1問 4点, (12)～(15) 1問 5点]

(1)
$$\begin{array}{r} 0.76 \\ \times\ \ \ 4 \\ \hline \end{array}$$

(2)
$$\begin{array}{r} 1.39 \\ \times\ \ \ 8 \\ \hline \end{array}$$

(3)
$$\begin{array}{r} 2.46 \\ \times\ \ \ 7 \\ \hline \end{array}$$

(4)
$$\begin{array}{r} 9.65 \\ \times\ \ \ 2 \\ \hline \end{array}$$

(5)
$$\begin{array}{r} 6.24 \\ \times\ \ \ 6 \\ \hline \end{array}$$

(6)
$$\begin{array}{r} 3.14 \\ \times\ \ \ 9 \\ \hline \end{array}$$

(7)
$$\begin{array}{r} 5.64 \\ \times\ \ \ 5 \\ \hline \end{array}$$

(8)
$$\begin{array}{r} 7.42 \\ \times\ \ \ 3 \\ \hline \end{array}$$

(9)
$$\begin{array}{r} 4.83 \\ \times\ \ \ 4 \\ \hline \end{array}$$

(10)
$$\begin{array}{r} 8.09 \\ \times\ \ \ 6 \\ \hline \end{array}$$

(11)
$$\begin{array}{r} 5.53 \\ \times\ \ \ 7 \\ \hline \end{array}$$

(12)
$$\begin{array}{r} 3.65 \\ \times\ \ \ 8 \\ \hline \end{array}$$

(13)
$$\begin{array}{r} 4.68 \\ \times\ \ \ 3 \\ \hline \end{array}$$

(14)
$$\begin{array}{r} 7.74 \\ \times\ \ \ 4 \\ \hline \end{array}$$

(15)
$$\begin{array}{r} 9.85 \\ \times\ \ \ 9 \\ \hline \end{array}$$

 **小数のかけ算 ── ⑤**

問題 0.52×29を，筆算で計算しましょう。

考え方 かける数が2けたの場合も，整数のかけ算と同じように計算します。答えの小数点の位置に気をつけます。

ア 右はしをそろえて，たてにならべて書く。

イ 小数点はないものとして，整数のかけ算と考えて計算する。

ウ かけられる数にそろえて，積に小数点を打つ。

```
   0.52
 ×  29
─────
 4 68
 104
─────
 15.08
```
↑
小数点を打つ

答え 15.08

1 次の計算をしましょう。

[(1)～(5) 1問 6点，(6) 7点]

(1)
```
  0.4 1
×   2 3
───────
```

(2)
```
  0.2 9
×   6 7
───────
```

(3)
```
  0.1 8
×   8 4
───────
```

(4)
```
  0.6 2
×   4 6
───────
```

(5)
```
  0.5 2
×   7 5
───────
```

(6)
```
  0.7 4
×   3 6
───────
```

2　次の計算をしましょう。

[1問　7点]

(1)
```
  0.6 8
×   9 3
```

(2)
```
  0.3 9
×   2 8
```

(3)
```
  0.7 4
×   7 5
```

(4)
```
  2.7 6
×   1 4
```

(5)
```
  2.0 7
×   3 8
```

(6)
```
  3.1 4
×   1 6
```

(7)
```
  1.2 5
×   4 8
```

(8)
```
  5.3 2
×   1 7
```

(9)
```
  4.2 5
×   2 3
```

42 小数のわり算 ― ①

問題 次の計算をしましょう。

(1) 2.4÷6　　(2) 3.5÷7

考え方 0.1がいくつになるかを考えます。

(1) 2.4は0.1が24こです。それを6等分すると，24÷6＝4
より，答えは0.1が4こ，つまり，0.4となります。これより，
2.4÷6＝0.4

(2) 3.5は0.1が35こです。それを7等分すると，35÷7＝5
より，答えは0.1が5こ，つまり，0.5となります。これより，
3.5÷7＝0.5

答え (1) 0.4　　(2) 0.5

1 次の計算をしましょう。

[1問 4点]

(1) 28÷7

(2) 2.8÷7

(3) 48÷8

(4) 4.8÷8

(5) 54÷6

(6) 5.4÷6

(7) 56÷8

(8) 5.6÷8

(9) 72÷9

(10) 7.2÷9

勉強した日　月　日

時間 (20分)　合かく点 (80点)　答え 別さつ 20ページ

得点　点

色をぬろう
☆60 ☆80 ☆100

問題 4.8÷3を，筆算で計算しましょう。

考え方 小数点はないものとして，整数の
わり算と同じように計算します。
ただし，商をかくときに，**わられる数の**
小数点にそろえて商に小数点を打ちます。

答え 1.6

```
    1.6
 3)4.8
   3
   18
   18
    0
```

わられる数の
小数点にそろ
えて小数点を
打つ

2 次の計算をしましょう。

[1問 10点]

(1)
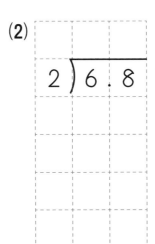
```
3)7.8
```

(2)
```
2)6.8
```

(3)
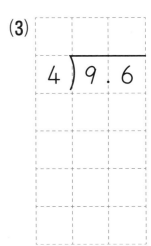
```
4)9.6
```

(4)
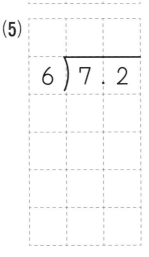
```
5)8.5
```

(5)
```
6)7.2
```

(6)
```
7)9.8
```

43 小数のわり算 —— ②

問題 4.8÷6を，筆算で計算しましょう。

考え方 わられる数の一の位の4を6でわった商は0ですから，この0を商の一の位にかき，小数点を打って計算していきます。

商の一の位に0をかき，小数点を打つ

```
   0.              0.8
6)4.8     ➡    6)4.8
                  4 8
                    0
```

答え 0.8

1 次の計算をしましょう。

[(1)〜(5) 1問 6点，(6) 7点]

(1)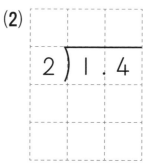

3)1.8

(2)

2)1.4

(3)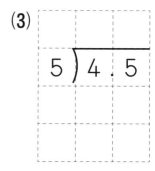

5)4.5

(4)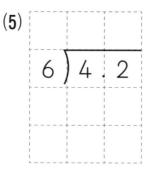

8)2.4

(5)

6)4.2

(6)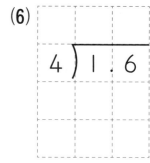

4)1.6

勉強した日 　月　　日　時間 20分　合かく点 80点　答え 別さつ 20ページ　得点 点　色をぬろう 60 80 100

② 次の計算をしましょう。

[1問　7点]

(1)
$$3 \overline{)5.7}$$

(2)
$$4 \overline{)3.6}$$

(3)
$$6 \overline{)8.4}$$

(4)
$$8 \overline{)9.6}$$

(5)
$$7 \overline{)4.9}$$

(6)
$$5 \overline{)6.5}$$

(7)
$$2 \overline{)7.4}$$

(8)
$$9 \overline{)7.2}$$

(9)
$$3 \overline{)8.4}$$

90

小数のわり算 ─③

 次の計算をしましょう。

[(1)〜(8) 1問 5点, (9) 6点]

(1)

$3 \overline{) 2\ 2.8}$

(2)

$4 \overline{) 6\ 7.6}$

(3)

$6 \overline{) 3\ 4.2}$

(4)

$9 \overline{) 3\ 8.7}$

(5)

$2 \overline{) 5\ 7.4}$

(6)

$8 \overline{) 6\ 3.2}$

(7)

$7 \overline{) 5\ 0.4}$

(8)

$5 \overline{) 6\ 3.5}$

(9)

$6 \overline{) 7\ 7.4}$

2 次の計算をしましょう。

[1問 6点]

(1)

47) 2 8 . 2

(2)

41) 9 4 . 3

(3)

32) 8 3 . 2

(4)

51) 4 5 . 9

(5)

26) 8 8 . 4

(6)

19) 7 2 . 2

(7)

64) 7 6 . 8

(8)

87) 4 3 . 5

(9)

71) 7 8 . 1

45 小数のわり算 — ④

問題 2.67÷3を，筆算で計算しましょう。

考え方 小数点はないものとして，整数の わり算と同じように計算します。

ただし，商をかくときに，**わられる数の 小数点にそろえて商に小数点を打ち ます。**

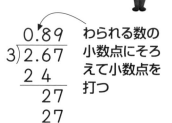

わられる数の 小数点にそろ えて小数点を 打つ

答え 0.89

1 次の計算をしましょう。

[(1)～(5) 1問 6点, (6) 7点]

(1)

$$5\overline{)1.75}$$

(2)

$$4\overline{)7.56}$$

(3)

$$8\overline{)4.56}$$

(4)

$$12\overline{)6.48}$$

(5)

$$24\overline{)3.36}$$

(6)

$$39\overline{)2.34}$$

時間 **20分**　合かく点 **80点**　答え 別さつ 21ページ　得点　点　色をぬろう ☆60 ☆80 ☆100

2 次の計算をしましょう。

[1問　7点]

(1)

$$6 \overline{)2.94}$$

(2)

$$3 \overline{)4.68}$$

(3)

$$7 \overline{)5.46}$$

(4)

$$9 \overline{)6.57}$$

(5)

$$16 \overline{)3.04}$$

(6)

$$24 \overline{)0.72}$$

(7)

$$31 \overline{)9.61}$$

(8)

$$53 \overline{)2.65}$$

(9)

$$46 \overline{)7.82}$$

46 小数のわり算 ─ ⑤

問題 5.4÷4を計算して，商は小数第1位まで求め，あまりも出しましょう。

考え方 商が小数第1位になるまで計算します。あまりには，**わられる数の小数点にそろえて小数点を打ちます**。

答え 1.3 あまり 0.2

```
    1.3
 4)5.4
    4
    1 4
    1 2
    0.2
```
あまりに，わられる数の小数点にそろえて小数点を打つ

1

次の計算をして，商は小数第1位まで求め，あまりも出しましょう。

[(1)～(5) 1問 6点, (6) 7点]

(1)
```
3)2.5
```

(2)
```
8)6.3
```

(3)
```
7)4.6
```

(4)
```
4)5.9
```

(5)
```
2)7.7
```

(6)
```
5)9.8
```

② 次の計算をして，商は小数第１位まで求め，あまりも出しましょう。

[1問　7点]

(1)

```
   )
6 ) 2 9 . 5
```

(2)

```
   )
8 ) 4 6 . 2
```

(3)

```
   )
7 ) 9 3 . 7
```

(4)

```
   )
9 ) 7 6 . 8
```

(5)

```
    )
16 ) 3 2 . 5
```

(6)

```
    )
24 ) 8 3 . 1
```

(7)

```
    )
31 ) 6 1 . 9
```

(8)

```
    )
54 ) 2 4 . 7
```

(9)

```
    )
48 ) 9 7 . 3
```

 **47** 小数のわり算 — ⑥

問題 わり切れるまで計算しましょう。

(1) $2 \div 5$　　(2) $3.5 \div 4$

考え方 2 を 2.0, 3.5 を 3.500 などと考えて計算します。

(1)
```
  0.4
5)2.0
  2 0
    0
```

(2)
```
  0.8
4)3.50
  3 2
    30
```
→
```
  0.87
4)3.500
  3 2
    30
    28
    20
```
→
```
  0.875
4)3.500
  3 2
    30
    28
    20
    20
     0
```

このように，わり切れるまで計算するときは，**0をおろして計算をつづけます。**

答え (1) 0.4　　(2) 0.875

1 わり切れるまで計算しましょう。

[1問 10点]

(1)
```
4)3
```

(2)
```
8)5.2
```

(3)
```
6)27.9
```

2 わり切れるまで計算しましょう。[(1)～(4) 1問 10点, (5), (6) 1問 15点]

(1)

15) 2 8 . 8

(2)

75) 4 8

(3)

28) 6 5 . 8

(4)

54) 3 5 . 1

(5)

72) 3 0 . 6

(6)

64) 2 4

 **小数のわり算 — ⑦**

問題 12.1÷7の商を，次のようながい数で表しましょう。

(1) 小数第2位までのがい数

(2) 上から2けたのがい数

考え方 12.1÷7を筆算で計算すると，右のようになります。

(1) 商の小数第3位を四捨五入します。

(2) 0以外の商がたつ位から3けた目を四捨五入します。

答え (1) 1.73 (2) 1.7

```
    1.728
7)12.1
    7
    51
    49
    20
    14
    60
    56
     4
```

1

次のわり算の商を，四捨五入して小数第1位までのがい数で表しましょう。

[1問 8点]

(1)
```
6)7.4
```

(2)
```
3)8.6
```

(3)
```
7)5.3
```

(4)
```
9)74.4
```

(5)
```
24)19
```

2

次のわり算の商を，四捨五入して(1)〜(3)は上から2けた，(4)〜(6)は小数第2位までのがい数で表しましょう。 ［1問 10点］

(1)

$7 \overline{) 3.8}$

(2)

$15 \overline{) 26.3}$

(3)

$14 \overline{) 0.6}$

(4)

$6 \overline{) 5.3}$

(5)

$9 \overline{) 26.3}$

(6)

$53 \overline{) 34.8}$

49 「小数のかけ算・わり算」のまとめ

1

1辺の長さが4.7cmの正方形があります。この正方形の
まわりの長さは何cmですか。　　　　　　　　　　　［15点］

式 _____

答え _____

2

カセットテープのケースのあつさは1.7cmです。これを24
こ積み上げると，高さは何cmになるでしょう。　　　［15点］

式 _____

答え _____

3

1.5L入りのジュースが1箱に6本入っています。この箱
が12箱あるとき，ジュースはぜんぶで何Lになるでしょ
う。　　　　　　　　　　　　　　　　　　　　　　［15点］

式 _____

答え _____

④ 長さ 60.8m のロープがあります。これを 32 等分すると，1 本の長さは何 m になるでしょう。 [15点]

式 _____

答え _____

⑤ たての長さが 4cm，面積が 33.6cm² の長方形があります。この長方形の横の長さは何 cm ですか。 [20点]

式 _____

答え _____

⑥ ある自動車は，52L のガソリンで 420km 走りました。この自動車はガソリン 1L でおよそ何 km 走ったでしょう。小数第 1 位までのがい数で答えましょう。 [20点]

式 _____

答え _____

分数 ― ①

問題 帯分数 $2\dfrac{1}{3}$ を，仮分数で表しましょう。

考え方 分子の数が分母の数より小さい分数を**真分数**，分子の数が分母の数と等しいか分子の数の方が大きい分数を**仮分数**といいます。また，2と $\dfrac{1}{3}$ を合わせた数を，$2\dfrac{1}{3}$ と表します。このような分数を，**帯分数**といいます。

$\dfrac{1}{3}$ を3つ合わせると，$\dfrac{3}{3} = 1$ ですから，$2 = \dfrac{6}{3}$

これより，$2\dfrac{1}{3} = \dfrac{7}{3}$

$$2\dfrac{1}{3} = \dfrac{7}{3}$$
かけて，分子にたす

答え $\dfrac{7}{3}$

1 次の帯分数を，仮分数で表しましょう。

[1問 5点]

(1) $1\dfrac{1}{3}$

(2) $2\dfrac{1}{4}$

(3) $1\dfrac{3}{5}$

(4) $3\dfrac{2}{5}$

(5) $2\dfrac{1}{5}$

(6) $4\dfrac{1}{2}$

(7) $1\dfrac{2}{7}$

(8) $3\dfrac{2}{3}$

(9) $2\dfrac{3}{4}$

(10) $4\dfrac{1}{3}$

問題 仮分数 $\dfrac{21}{5}$ を，帯分数で表しましょう。

考え方 分子を分母でわると，

$$21 \div 5 = 4 \text{あまり} 1$$

ですから，21から5を4つとると1あまります。

このことから，

$$\frac{21}{5} = 4\frac{1}{5}$$

となることが，わかります。

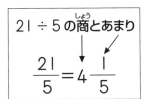

21÷5の商とあまり

$$\frac{21}{5} = 4\frac{1}{5}$$

答え $4\dfrac{1}{5}$

2 次の仮分数を，帯分数または整数で表しましょう。　[1問 5点]

(1) $\dfrac{5}{3}$　　　　(2) $\dfrac{11}{4}$

(3) $\dfrac{9}{5}$　　　　(4) $\dfrac{7}{6}$

(5) $\dfrac{17}{8}$　　　　(6) $\dfrac{21}{7}$

(7) $\dfrac{20}{9}$　　　　(8) $\dfrac{15}{8}$

(9) $\dfrac{13}{4}$　　　　(10) $\dfrac{24}{6}$

51  分数 ― ②

問題 次の計算をしましょう。

(1) $\dfrac{8}{7}+\dfrac{3}{7}$　　(2) $\dfrac{12}{7}-\dfrac{4}{7}$

考え方 分母が同じ仮分数のたし算やひき算は，真分数の場合と同じように，**分母はそのままで，分子だけ計算します。**

(1) $\dfrac{8}{7}+\dfrac{3}{7}=\dfrac{8+3}{7}=\dfrac{11}{7}$

(2) $\dfrac{12}{7}-\dfrac{4}{7}=\dfrac{12-4}{7}=\dfrac{8}{7}$

$$\frac{\bigcirc}{\triangle}+\frac{\square}{\triangle}=\frac{\bigcirc+\square}{\triangle}$$

$$\frac{\bigcirc}{\triangle}-\frac{\square}{\triangle}=\frac{\bigcirc-\square}{\triangle}$$

答え (1) $\dfrac{11}{7}$　　(2) $\dfrac{8}{7}$

1

次の計算をしましょう。答えが1以上になるときは仮分数または整数で表しましょう。

［1問　4点］

(1) $\dfrac{7}{4}+\dfrac{6}{4}$　　(2) $\dfrac{11}{9}-\dfrac{4}{9}$

(3) $\dfrac{12}{7}-\dfrac{8}{7}$　　(4) $\dfrac{14}{6}+\dfrac{4}{6}$

(5) $\dfrac{4}{5}+\dfrac{3}{5}$　　(6) $\dfrac{11}{2}+\dfrac{9}{2}$

(7) $\dfrac{13}{3}-\dfrac{8}{3}$　　(8) $\dfrac{11}{8}-\dfrac{4}{8}$

(9) $\dfrac{5}{11}+\dfrac{7}{11}$　　(10) $\dfrac{15}{10}-\dfrac{6}{10}$

勉強した日　　月　　日

時間 **20分**　合かく点 **80点**　答え 別さつ23ページ

得点　　点

色をぬろう
60　80　100

 次の計算をしましょう。答えが1以上になるときは仮分数または整数で表しましょう。

[1問　3点]

(1) $\dfrac{9}{6} - \dfrac{2}{6}$

(2) $\dfrac{8}{7} + \dfrac{9}{7}$

(3) $\dfrac{13}{4} - \dfrac{9}{4}$

(4) $\dfrac{11}{3} + \dfrac{8}{3}$

(5) $\dfrac{3}{2} + \dfrac{9}{2}$

(6) $\dfrac{13}{9} - \dfrac{5}{9}$

(7) $\dfrac{8}{5} + \dfrac{6}{5}$

(8) $\dfrac{15}{8} - \dfrac{4}{8}$

(9) $\dfrac{16}{10} - \dfrac{9}{10}$

(10) $\dfrac{12}{11} - \dfrac{4}{11}$

(11) $\dfrac{7}{13} + \dfrac{10}{13}$

(12) $\dfrac{8}{15} + \dfrac{7}{15}$

(13) $\dfrac{15}{12} - \dfrac{10}{12}$

(14) $\dfrac{7}{14} + \dfrac{12}{14}$

(15) $\dfrac{7}{12} + \dfrac{6}{12}$

(16) $\dfrac{20}{13} - \dfrac{11}{13}$

(17) $\dfrac{12}{19} + \dfrac{14}{19}$

(18) $\dfrac{16}{25} - \dfrac{9}{25}$

(19) $\dfrac{24}{16} - \dfrac{15}{16}$

(20) $\dfrac{14}{36} + \dfrac{15}{36}$

52 分数 — ③

問題 $3\dfrac{2}{9} + 2\dfrac{5}{9}$ を計算し，答えは帯分数で表しましょう。

考え方 帯分数の整数部分の和と分数部分の和を合わせます。

整数部分の和は $3 + 2 = 5$，分数部分の和は $\dfrac{2}{9} + \dfrac{5}{9} = \dfrac{7}{9}$

したがって $3\dfrac{2}{9} + 2\dfrac{5}{9} = 5\dfrac{7}{9}$

答え $5\dfrac{7}{9}$

1 次の計算をし，答えは帯分数で表しましょう。

[1問　5点]

(1) $1\dfrac{2}{4} + 2\dfrac{1}{4}$

(2) $4\dfrac{4}{7} + 3\dfrac{2}{7}$

(3) $2\dfrac{3}{5} + 5\dfrac{1}{5}$

(4) $6\dfrac{2}{6} + 1\dfrac{3}{6}$

(5) $2\dfrac{1}{9} + 3\dfrac{3}{9}$

(6) $4\dfrac{3}{10} + 1\dfrac{6}{10}$

(7) $3\dfrac{4}{8} + 5\dfrac{3}{8}$

(8) $1\dfrac{3}{9} + 7\dfrac{4}{9}$

(9) $4\dfrac{3}{13} + \dfrac{8}{13}$

(10) $\dfrac{7}{15} + 2\dfrac{6}{15}$

問題 $2\dfrac{4}{5} + 1\dfrac{2}{5}$ を計算し，答えは帯分数で表しましょう。

考え方 分数部分の和が仮分数になるときは，真分数に直します。

$$2\dfrac{4}{5} + 1\dfrac{2}{5} = 3\dfrac{6}{5} = 4\dfrac{1}{5}$$

答え $4\dfrac{1}{5}$

② 次の計算をし，答えは帯分数または整数で表しましょう。

[1問　5点]

(1)　$2\dfrac{3}{4} + 1\dfrac{2}{4}$　　　　(2)　$3\dfrac{3}{5} + 5\dfrac{4}{5}$

(3)　$4\dfrac{4}{7} + 2\dfrac{6}{7}$　　　　(4)　$1\dfrac{1}{3} + 3\dfrac{2}{3}$

(5)　$2\dfrac{5}{8} + 5\dfrac{6}{8}$　　　　(6)　$3\dfrac{5}{6} + 4\dfrac{2}{6}$

(7)　$1\dfrac{7}{11} + 4\dfrac{4}{11}$　　　　(8)　$2\dfrac{5}{9} + 3\dfrac{8}{9}$

(9)　$\dfrac{7}{10} + 2\dfrac{6}{10}$　　　　(10)　$1\dfrac{6}{12} + \dfrac{11}{12}$

53 分数 ― ④

> **問題** $6\dfrac{7}{8} - 2\dfrac{2}{8}$ を計算し，答えは帯分数で表しましょう。
>
> **考え方** 帯分数の整数部分の差と分数部分の差を合わせます。
>
> 整数部分の差は $6 - 2 = 4$，　分数部分の差は $\dfrac{7}{8} - \dfrac{2}{8} = \dfrac{5}{8}$
>
> したがって　$6\dfrac{7}{8} - 2\dfrac{2}{8} = 4\dfrac{5}{8}$
>
> **答え** $4\dfrac{5}{8}$

1 次の計算をし，答えは帯分数または整数で表しましょう。

[1問　5点]

(1) $5\dfrac{3}{4} - 2\dfrac{2}{4}$

(2) $9\dfrac{4}{5} - 4\dfrac{1}{5}$

(3) $7\dfrac{7}{9} - 3\dfrac{2}{9}$

(4) $6\dfrac{6}{7} - 1\dfrac{3}{7}$

(5) $8\dfrac{5}{6} - 2\dfrac{4}{6}$

(6) $4\dfrac{6}{8} - 3\dfrac{3}{8}$

(7) $9\dfrac{8}{9} - 7\dfrac{7}{9}$

(8) $6\dfrac{8}{10} - 2\dfrac{5}{10}$

(9) $3\dfrac{11}{15} - \dfrac{7}{15}$

(10) $5\dfrac{2}{3} - \dfrac{2}{3}$

問題 $5\frac{3}{8} - 2\frac{6}{8}$ を計算し，答えは帯分数で表しましょう。

考え方 分数部分がひけないときは，整数部分から1をひき，分数部分を仮分数にして計算します。

$$5\frac{3}{8} - 2\frac{6}{8} = 4\frac{11}{8} - 2\frac{6}{8} = 2\frac{5}{8}$$

答え $2\frac{5}{8}$

2 次の計算をし，答えは帯分数または真分数で表しましょう。

[1問　5点]

(1) $4\frac{1}{4} - 1\frac{2}{4}$

(2) $6\frac{2}{6} - 2\frac{3}{6}$

(3) $8\frac{1}{5} - 3\frac{4}{5}$

(4) $5\frac{2}{7} - 2\frac{5}{7}$

(5) $7\frac{1}{9} - 1\frac{6}{9}$

(6) $9\frac{2}{8} - 4\frac{7}{8}$

(7) $8\frac{3}{10} - 7\frac{6}{10}$

(8) $5\frac{3}{7} - 4\frac{4}{7}$

(9) $3\frac{1}{3} - \frac{2}{3}$

(10) $6\frac{5}{11} - \frac{9}{11}$

「分数」のまとめ

1 家から公園までは $\frac{4}{7}$ km, 公園から駅までは $\frac{2}{7}$ km あります。家から公園を通って駅まで行くときの道のりは何 km ですか。 [15点]

式

答え

2 ジュースが $\frac{9}{8}$ L, 牛にゅうが $\frac{6}{8}$ L あります。どちらが何 L 多いでしょう。 [15点]

式

答え

3 ふくろ入りの塩を $1\frac{2}{5}$ kg 買いました。そのうち, $\frac{3}{5}$ kg をビンに入れました。ふくろに残っている塩は何 kg でしょう。 [15点]

式

答え

4 $\frac{13}{6}$ mのリボンを買いました。そのうち，$\frac{8}{6}$ m使いました。残りは何mでしょう。 ［15点］

式 _____

答え _____

5 2つの水そうに，水が $4\frac{2}{9}$ Lと $3\frac{7}{9}$ L入っています。合わせると何Lになるでしょう。 ［20点］

式 _____

答え _____

6 大きい荷物は $3\frac{4}{7}$ kg，小さい荷物は $1\frac{6}{7}$ kgです。合わせて何kgになるでしょう。 ［20点］

式 _____

答え _____

□ 編集協力　大塚久仁子　塩田久美子
□ デザイン　アトリエ ウインクル

シグマベスト
トコトン算数
小学4年の計算ドリル

著　者　山腰政喜
発行者　益井英郎
印刷所　NISSHA株式会社
発行所　株式会社文英堂
　　　　〒601-8121　京都市南区上鳥羽大物町28
　　　　〒162-0832　東京都新宿区岩戸町17
　　　　(代表)03-3269-4231

© 山腰政喜　2010　　　　Printed in Japan

●落丁・乱丁はおとりかえします。

学習の記録

内よう	勉強した日	得点	得点グラフ				
			0　20　40　60　80　100				
かき方	4月 16日	83点					
❶ 大きな数 ー ①	月　　日	点					
❷ 大きな数 ー ②	月　　日	点					
❸ 大きな数 ー ③	月　　日	点					
❹ 大きな数 ー ④	月　　日	点					
❺ 「大きな数」のまとめ	月　　日	点					
❻ わり算（1）ー ①	月　　日	点					
❼ わり算（1）ー ②	月　　日	点					
❽ わり算（1）ー ③	月　　日	点					
❾ わり算（1）ー ④	月　　日	点					
❿ わり算（1）ー ⑤	月　　日	点					
⓫ わり算（1）ー ⑥	月　　日	点					
⓬ わり算（1）ー ⑦	月　　日	点					
⓭ わり算（1）ー ⑧	月　　日	点					
⓮ 「わり算（1）」のまとめ	月　　日	点					
⓯ 小数 ー ①	月　　日	点					
⓰ 小数 ー ②	月　　日	点					
⓱ 「小数」のまとめ	月　　日	点					
⓲ わり算（2）ー ①	月　　日	点					
⓳ わり算（2）ー ②	月　　日	点					
⓴ わり算（2）ー ③	月　　日	点					
㉑ わり算（2）ー ④	月　　日	点					
㉒ わり算（2）ー ⑤	月　　日	点					
㉓ わり算（2）ー ⑥	月　　日	点					
㉔ わり算（2）ー ⑦	月　　日	点					
㉕ 「わり算（2）」のまとめ ー ①	月　　日	点					
㉖ 「わり算（2）」のまとめ ー ②	月　　日	点					
㉗ がい数とその計算 ー ①	月　　日	点					

トコトン算数

小学4年の計算ドリル

● 「答え」は見やすいように，わくでかこみました。

● **考え方・とき方** では，まちがえやすい問題のくわしい
かいせつや，これからの勉強に役立つことをのせてい
ます。

文英堂

❶ 大きな数 ─ ①

1
(1) 107万 (2) 118億 (3) 744兆
(4) 23万 (5) 25億 (6) 76兆
(7) 72億 (8) 180兆 (9) 8億
(10) 8兆

2
(1) 88万 (2) 136億 (3) 579億
(4) 132兆 (5) 799兆 (6) 13万
(7) 25億 (8) 118億 (9) 22兆
(10) 159兆 (11) 28万 (12) 40億
(13) 378億 (14) 63兆 (15) 216兆
(16) 4万 (17) 3億 (18) 5億
(19) 7兆 (20) 8兆

❷ 大きな数 ─ ②

1
(1) 390 (2) 4710
(3) 56840 (4) 691830
(5) 7648970 (6) 2400
(7) 38300 (8) 504200
(9) 8024900 (10) 77105400

2
(1) 64 (2) 38
(3) 194 (4) 563
(5) 840 (6) 730
(7) 3578 (8) 4290
(9) 61205 (10) 351409

考え方・とき方

▶大きな数の計算です。3けたまでの計算と同じように計算します。
万，億，兆をとって計算し，その答えに，万，億，兆をつけます。
計算が終わって答えを書くとき，万，億，兆をわすれないようにしましょう。また，漢字をまちがえないようにしましょう。

▶10倍，100倍と，10でわる計算です。かけ算，わり算をするというよりも，0をつける，とるという感じです。

❸ 大きな数 —— ③

(1) 3000万　　(2) 8億
(3) 5億2000万　　(4) 380億
(5) 6兆7520億　　(6) 300兆
(7) 5億　　(8) 68億
(9) 7兆6000億　　(10) 81兆500億

(1) 60万　　(2) 800万
(3) 7億　　(4) 6000万
(5) 5億1000万　　(6) 75億3000万
(7) 5兆　　(8) 9000億
(9) 8兆3000億　　(10) 43兆8000億

❹ 大きな数 —— ④

(1) 56億　　(2) 30億
(3) 105億　　(4) 666億
(5) 15兆　　(6) 49兆
(7) 248兆　　(8) 128兆
(9) 63兆　　(10) 243兆

(1) 24億　　(2) 36億
(3) 72億　　(4) 448億
(5) 540億　　(6) 1923億
(7) 1591億　　(8) 2924億
(9) 14兆　　(10) 54兆
(11) 231兆　　(12) 336兆
(13) 1308兆　　(14) 2972兆
(15) 18兆　　(16) 35兆
(17) 96兆　　(18) 364兆
(19) 1976兆　　(20) 1387兆

考え方・とき方

▶大きな数は, 4けたずつ区切って万, 億, 兆をつけます。10倍, 100倍したとき, 4けたをこえた場合は, 4けたで区切って, 億や兆をつけます。また, 10でわるときに, たとえば, 4億÷10のように4÷10がわれないときは,

　　4億→40000万

と考えて, 0を1つとり, 4000万とします。

▶1万倍すると位が4つ上がります。次のようにしておぼえましょう。

　　万×万＝億
　　億×万＝兆
　　万×億＝兆

❺ 「大きな数」のまとめ

1
(1) 79万　(2) 37万　(3) 146万
(4) 959万　(5) 89億　(6) 145億
(7) 69億　(8) 27億　(9) 231億
(10) 777億　(11) 1250億　(12) 217億
(13) 77兆　(14) 33兆　(15) 146兆
(16) 27兆　(17) 94兆　(18) 705兆
(19) 801兆　(20) 219兆

2
(1) 21億　　　　　(2) 5億
(3) 160兆　　　　(4) 8兆
(5) 81260　　　　(6) 520300
(7) 446　　　　　(8) 6430
(9) 370億　　　　(10) 2600兆
(11) 42億　　　　(12) 15兆
(13) 7億　　　　　(14) 5兆4290億
(15) 8000万　　　(16) 7兆2000億
(17) 27億　　　　(18) 581億
(19) 4128兆　　　(20) 252兆

❻ わり算(1)─①

1
(1) 20　(2) 20　(3) 10
(4) 30　(5) 40　(6) 50
(7) 80　(8) 60　(9) 60
(10) 50

2
(1) 200　(2) 400　(3) 100
(4) 200　(5) 200　(6) 100
(7) 300　(8) 100　(9) 500
(10) 600

考え方・とき方

▶大きな数の計算です。万，億，兆をまちがえないようにつけましょう。

▶何十，何百の数のわり算です。0をとってわり算をして，その商にとった分だけ0をつけます。

ただし，**1**(9)は，30 ÷ 5 = 6より，
　　300 ÷ 5 = 60

2(9)は，20 ÷ 4 = 5より，
　　2000 ÷ 4 = 500

となります。

❼ わり算(1)──②

1
(1) 2あまり1　(2) 2あまり1
(3) 4あまり1　(4) 1あまり2
(5) 2あまり2　(6) 1あまり3
(7) 1あまり3　(8) 2あまり1

2
(1) 5あまり2　(2) 5あまり1
(3) 4あまり4　(4) 8あまり4
(5) 5あまり5　(6) 9あまり3

考え方・とき方

▶3年で学んだ「あまりのあるわり算」です。筆算しなくても答えは出せます。ここでは，わり算の筆算の書き方を学んでください。

❽ わり算(1)──③

1
(1) 23あまり2　(2) 16あまり4
(3) 24あまり2

2
(1) 14あまり2　(2) 15あまり1
(3) 46あまり1　(4) 22あまり1
(5) 12あまり1　(6) 15あまり5
(7) 17あまり2　(8) 22あまり3
(9) 28あまり2

▶2けた÷1けたのわり算です。十の位に商がたちますから，商は2けたになります。
計算まちがいをしないためにも，数字を書くときは位に気をつけましょう。

❾ わり算(1)──④

1
(1) 21あまり1　(2) 22あまり1
(3) 30あまり2

2
(1) 23あまり1　(2) 32あまり1
(3) 20あまり1　(4) 11あまり4
(5) 21あまり2　(6) 41あまり1
(7) 10あまり4　(8) 42あまり1
(9) 30あまり1

▶ひいて0になり，次におろす数があるときは，0は書きません。
また，商に0がたつときは，「かける→ひく」をしないで次に進みます。

❿ わり算(1) ── ⑤

1
(1) 13あまり4　(2) 14あまり1
(3) 17あまり1　(4) 25あまり1
(5) 27　(6) 12あまり2
(7) 12　(8) 31あまり1
(9) 12

2
(1) 14　(2) 12あまり3
(3) 12あまり4　(4) 11あまり2
(5) 28　(6) 38あまり1
(7) 22あまり2　(8) 16あまり3
(9) 13

考え方・とき方

▶あまりは，わる数よりも小さくなります。計算が終わったら，もう一度あまりとわる数を見て，たしかめておきましょう。
また，「たしかめの計算」で，
　　わる数×商＋あまり
を求めて，それがわられる数になることでもたしかめられます。

⓫ わり算(1) ── ⑥

1
(1) 247あまり2　(2) 157あまり2
(3) 165あまり4

2
(1) 186あまり2　(2) 186あまり2
(3) 123あまり4　(4) 133あまり4
(5) 194あまり1　(6) 132
(7) 167あまり4　(8) 136あまり1
(9) 219あまり1

▶3けた÷1けたのわり算も，2けたのときと同じように，
　　たてる→かける→ひく→おろす
をくりかえします。

⓬ わり算(1) ── ⑦

1
(1) 45あまり5　(2) 59あまり7
(3) 204あまり3

2
(1) 86あまり2　(2) 33あまり2
(3) 71あまり8　(4) 70あまり5
(5) 179あまり1　(6) 207
(7) 93あまり1　(8) 205あまり2
(9) 53あまり3

▶$357 \div 4$は，百の位だけで考えると，
　　$3 \div 4 →$われない
そこで，十の位まで考えて，
　　$35 \div 4 = 8$あまり3
となります。7をおろして，
　　$37 \div 4 = 9$あまり1
まとめると，
　　$357 \div 4 = 89$あまり1
となります。

⓭ わり算(1) — ⑧

1
(1) 123 あまり 3　　(2) 42 あまり 5
(3) 127 あまり 1　　(4) 207
(5) 213 あまり 2　　(6) 87 あまり 5
(7) 485 あまり 1　　(8) 300 あまり 2
(9) 184 あまり 4

2
(1) 73 あまり 1　　(2) 116
(3) 82 あまり 2　　(4) 126 あまり 4
(5) 61 あまり 2　　(6) 183 あまり 2
(7) 108 あまり 5　　(8) 93 あまり 8
(9) 121 あまり 4

⓮ 「わり算(1)」のまとめ

1 式　$91 \div 7 = 13$
　　答え　13まい

2 式　$70 \div 3 = 23$ あまり 1
　　答え　23本できて，1mあまる

3 式　$67 \div 4 = 16$ あまり 3
　　答え　17きゃく

4 式　$756 \div 6 = 126$
　　答え　126円

5 式　$(635 - 3) \div 8 = 79$
　　答え　79g

6 式　$409 \div 7 = 58$ あまり 3
　　答え　58本切り取れて，3cmあまる

考え方・とき方

▶3けた÷1けたのわり算をもう一度練習しましょう。

▶3では，あまりをどうするかが大事です。いすが16きゃくでは3人すわれませんから，もう1きゃくいります。つまり，17きゃくいることになります。
5では，全体の重さからふくろの重さをひいて，ノート8さつ分の重さを求めてから，8でわって1さつ分の重さを求めます。
6では，4m9cmをcmで表しますが，49cmではなく，409cmになることに気をつけてください。

⑮ 小数 ── ①

1
(1) 0.68	(2) 0.9	(3) 0.83
(4) 1.47	(5) 6.22	(6) 0.23
(7) 0.36	(8) 0.2	(9) 0.03
(10) 1.84		

2
(1) 0.75	(2) 0.24	(3) 0.09
(4) 0.91	(5) 4.17	(6) 7.94
(7) 2.59	(8) 0.84	(9) 4.8
(10) 7.1	(11) 5	(12) 3.46
(13) 0.251	(14) 0.491	(15) 0.37
(16) 0.44	(17) 0.78	(18) 0.135
(19) 0.073	(20) 1	

⑯ 小数 ── ②

1
(1) 0.82	(2) 0.68	(3) 0.731
(4) 0.547	(5) 0.704	(6) 0.25
(7) 0.23	(8) 0.184	(9) 0.238
(10) 0.616		

2
(1) 3.84	(2) 2.25	(3) 4.52
(4) 7.13	(5) 2.66	(6) 7.25
(7) 5.26	(8) 3.32	(9) 3.02
(10) 10.07	(11) 1.28	(12) 7.09
(13) 0.224	(14) 0.598	(15) 0.221
(16) 0.537	(17) 1.113	(18) 0.448
(19) 0.006	(20) 1.287	

考え方・とき方

▶小数第2位や小数第3位まである
たし算，ひき算です。小数点の位置
をそろえて筆算で計算します。
また，計算した結果，小数点以下で
最後の数が0になるときは，その0
は書きません。

▶小数点以下のけた数がちがうとき
は，けた数をそろえる意味で0をか
くと計算しやすくなります。

⓱ 「小数」のまとめ

1
(1) 0.37	(2) 0.19	(3) 0.02
(4) 0.7	(5) 0.91	(6) 8.21
(7) 9.8	(8) 3.8	(9) 0.386
(10) 0.701	(11) 0.248	(12) 1
(13) 1.58	(14) 6.57	(15) 2.13
(16) 9.04	(17) 4.084	(18) 2.505
(19) 0.326	(20) 1.003	

2 式　$4.26 - 2.98 = 1.28$
　　答え　1.28m

3 式　$8.46 + 2.59 = 11.05$
　　答え　11.05L

4 式　$8.35 - 0.483 = 7.867$
　　答え　7.867kg

▶4で，483gは0.483kgです。単位をそろえてから計算しましょう。

⓲ わり算(2) ― ①

1
(1) 2	(2) 3	(3) 2	(4) 4
(5) 3	(6) 9	(7) 6	(8) 8
(9) 4	(10) 9		

2
(1) 2あまり10	(2) 2あまり20
(3) 5あまり10	(4) 3あまり30
(5) 4あまり10	(6) 3あまり50
(7) 4あまり20	(8) 3あまり30
(9) 4あまり50	(10) 8あまり10

▶10をもとにして考えると，
　　$80 \div 20$の商と$8 \div 2$の商は同じです。また，$800 \div 200$の商と
$8 \div 2$の商は同じで，
$800 \div 200 = 4$となります。
$30 \div 7$のあまりは2ですが，
$300 \div 70$で10をもとにして考えたとき，「あまり2」は，「10が2つあまる」ことを表しています。つまり，
$300 \div 70$のあまりは20です。

⓲ わり算(2) —②

1
(1) 2あまり13　(2) 2あまり17
(3) 2あまり14　(4) 1あまり15
(5) 2あまり28　(6) 4あまり11

2
(1) 4あまり18　(2) 4あまり57
(3) 6あまり35　(4) 6あまり41
(5) 8あまり22　(6) 8あまり18
(7) 4あまり46　(8) 5あまり48
(9) 6あまり12　(10) 9あまり17
(11) 7あまり43　(12) 8あまり29

⓴ わり算(2) —③

1
(1) 3あまり4　(2) 2あまり14
(3) 2あまり10　(4) 2あまり15
(5) 4あまり3　(6) 1あまり23

2
(1) 3あまり1　(2) 3あまり30
(3) 7　(4) 4あまり27
(5) 6あまり15　(6) 8
(7) 7　(8) 7あまり9
(9) 7あまり17　(10) 5あまり7
(11) 8　(12) 5あまり11

㉑ わり算(2) —④

1
(1) 3あまり3　(2) 5あまり5
(3) 3あまり20　(4) 1あまり30
(5) 4　(6) 3あまり21

2
(1) 2あまり41　(2) 6あまり2
(3) 5あまり16　(4) 7あまり3
(5) 9あまり39　(6) 7あまり33
(7) 7　(8) 8あまり14
(9) 4あまり69　(10) 6あまり84
(11) 6あまり42　(12) 8

考え方・とき方

▶商がどのくらいになるかを考えるには，わられる数の一の位の数が，0，1，2，3，4のときは0にし，5，6，7，8，9のときは十の位に1くり上げて「何十」としてわる数とくらべます。
このように，およその数で表すことを四捨五入といいます。くわしくは，本さつの56ページで学習します。

▶わられる数とわる数を，どちらも一の位を四捨五入して商の見当をつけます。
わり算では，あまりはわる数よりも小さくなります。計算が終わったらもう一度あまりとわる数を見て，たしかめておきましょう。また，
　わる数×商＋あまり
を計算して，それがわられる数になることでもたしかめられます。

▶商の見当をつけてわり算をしても，うまくいかないことがあります。あまりがわる数より大きいときは，商を1大きくして計算しなおします。また，ひけないときは，商を1小さくして計算しなおします。
このように，一度ですぐに答えが出ないことがありますから，めんどうがらずに計算しましょう。

㉒ わり算(2)──⑤

1
(1) 8あまり10   (2) 2あまり42
(3) 4   (4) 8あまり22
(5) 6   (6) 5あまり49
(7) 7あまり5   (8) 6あまり1
(9) 5   (10) 6
(11) 6あまり37   (12) 5あまり5

2
(1) 6あまり14   (2) 6あまり7
(3) 8   (4) 7あまり2
(5) 7   (6) 7あまり42
(7) 5あまり74   (8) 4あまり73
(9) 5あまり92   (10) 9
(11) 6あまり46   (12) 7あまり69

㉓ わり算(2)──⑥

1
(1) 21あまり15   (2) 45あまり13
(3) 19

2
(1) 18あまり17   (2) 30あまり3
(3) 15   (4) 48あまり5
(5) 12あまり10   (6) 39あまり10
(7) 20あまり37   (8) 51
(9) 19あまり15

考え方・とき方

▶**1**(10)や**2**(10)のように，3けたの数で，百の位，十の位，一の位が同じ数を37でわると，必ずわり切れます。

▶3けた÷2けたのわり算で，商が2けたになる問題です。
十の位に商をたてるときは，わられる数の上から2けただけで考えて，2けた÷2けたのわり算と考えます。

㉔ わり算(2) —— ⑦

1
(1) 21 あまり 18　(2) 11 あまり 36
(3) 38　(4) 37 あまり 17
(5) 24 あまり 29　(6) 15 あまり 7
(7) 20 あまり 37　(8) 17
(9) 38 あまり 1

2
(1) 58 あまり 9　(2) 29 あまり 1
(3) 13　(4) 15 あまり 27
(5) 14　(6) 23 あまり 7
(7) 46 あまり 7　(8) 21 あまり 14
(9) 27

㉕「わり算(2)」のまとめ —— ①

1
(1) 7 あまり 18　(2) 7 あまり 9
(3) 19　(4) 11 あまり 41
(5) 8　(6) 33 あまり 5
(7) 5 あまり 30　(8) 7 あまり 36
(9) 21

2
(1) 16 あまり 18　(2) 32
(3) 60 あまり 11　(4) 5 あまり 7
(5) 7 あまり 46　(6) 11 あまり 16
(7) 7 あまり 12　(8) 14
(9) 6 あまり 65

考え方・とき方

▶4年生の計算問題では，一番わかりにくいところです。商の見当をつけても，大きすぎたり小さすぎたりすることは，よくあることです。そんなとき，あせらず，おちこまず，ていねいに計算しましょう。

▶商が十の位からたつものと，一の位にしかたたないものがまじっています。見分け方としては，わられる数の上から2けたとわる数をくらべて，

　わる数の方が小さい→十の位
　わる数の方が大きい→一の位
となります。

㉖ 「わり算(2)」のまとめ——②

1 式　96 ÷ 18 ＝ 5 あまり 6
　　答え　5人に分けられて，6本あまる

2 式　500 ÷ 84 ＝ 5 あまり 80
　　答え　5本買えて，80円あまる

3 式　636 ÷ 53 ＝ 12
　　答え　12km

4 式　495 ÷ 72 ＝ 6 あまり 63
　　答え　7台

5 式　240 ÷ 14 ＝ 17 あまり 2
　　答え　18日

6 式　(500 − 56) ÷ 37 ＝ 12
　　答え　12円

㉗ がい数とその計算——①

1
(1) 13000	(2) 23000
(3) 54200	(4) 42200
(5) 640000	(6) 710000
(7) 248000	(8) 830000
(9) 9250000	(10) 5220000

2
(1) 33000	(2) 20000
(3) 56000	(4) 40000
(5) 15100	(6) 316000
(7) 50000	(8) 500000
(9) 920000	(10) 300000

考え方・とき方

▶あまりをどうするかを考えます。
4では，トラックが6台では荷物が63こあまりますから，もう1台，つまり7台になります。
5では，17日間読むと2ページ残ります。この2ページを18日目に読むことになりますから，答えは18日です。
6では，まずおつりを500円からひいて，画用紙37まい分の代金を求めます。

▶およその数のことをがい数といいます。四捨五入してがい数にするときは，求める位の1つ下の位だけを見て，0，1，2，3，4のときは切り捨て，5，6，7，8，9のときは切り上げます。

28 がい数とその計算—②

1
(1) 6500, 3300
式 6500 + 3300 = 9800
(2) 8900, 2600
式 8900 − 2600 = 6300
(3) 52000, 32000
式 52000 + 32000 = 84000

2
(1) 81000, 49000
式 81000 + 49000 = 130000
(2) 92600, 54800
式 92600 − 54800 = 37800
(3) 240000, 320000
式 240000 + 320000 = 560000
(4) 52000, 39000
式 52000 − 39000 = 13000
(5) 66700, 27900
式 66700 + 27900 = 94600

29 がい数とその計算—③

1
(1) 900, 40
式 900 × 40 = 36000
(2) 800, 500
式 800 × 500 = 400000
(3) 7000, 800
式 7000 × 800 = 5600000

2
(1) 400, 700
式 400 × 700 = 280000
(2) 7000, 500
式 7000 × 500 = 3500000
(3) 800, 5000
式 800 × 5000 = 4000000
(4) 3000, 700
式 3000 × 700 = 2100000
(5) 90000, 5000
式 90000 × 5000 = 450000000

考え方・とき方

▶等号（＝）は等しいことを表す記号ですから，がい数にして計算するときに，

48627 + 32167
= 49000 + 32000

としてはいけません。四捨五入した数はもとの数とは大きさがちがうからです。

▶積の見積もりです。積がおよそどのくらいかを見積もっておくと，正かくな答えを求めるときに，けた数のまちがいをふせぐことができます。

30 がい数とその計算 ── ④

1
(1) 7200, 90
式　7200 ÷ 90 = 80

(2) 63000, 70
式　63000 ÷ 70 = 900

(3) 56000, 800
式　56000 ÷ 800 = 70

2
(1) 64000, 80
式　64000 ÷ 80 = 800

(2) 54000, 600
式　54000 ÷ 600 = 90

(3) 240000, 800
式　240000 ÷ 800 = 300

(4) 40000, 500
式　40000 ÷ 500 = 80

(5) 49000, 7000
式　49000 ÷ 7000 = 7

31 「がい数とその計算」のまとめ

1
式　1900 + 3700 = 5600
答え　およそ5600円

2
式　53000 + 28000 = 81000
答え　およそ81000人

3
式　12000 − 5000 = 7000
答え　およそ7000人多い

4
式　800 × 40 = 32000
答え　およそ32000円

5
式　3000 × 600 = 1800000
答え　およそ1800000円

6
式　36000 ÷ 300 = 120
答え　およそ120円

考え方・とき方

▶商の見積もりです。積とちがってふつうはわられる数を上から2けた，わる数を上から1けたのがい数にして見積もります。問題によっては，わられる数も上から1けたのがい数にすることがありますから，問題をよく読みましょう。

▶正かくな答えでなくても，およそどのくらいかがわかればよい場合は，日常生活でもよくあることです。けた数が多い計算で，正かくな答えが必要な場合には電卓を使いますが，電卓でもキーを押しまちがえると正しい答えは出せません。その意味でも「およそどのくらい」ということを知ることは，まちがいを少なくするために大切なことです。

㉜ 式と計算──①

1
(1)	37	(2)	46	(3)	84
(4)	400	(5)	666	(6)	9
(7)	7	(8)	8	(9)	16
(10)	4				

2
(1)	58	(2)	54	(3)	22
(4)	29	(5)	420	(6)	270
(7)	160	(8)	696	(9)	7
(10)	5	(11)	9	(12)	8
(13)	5	(14)	126	(15)	12
(16)	3	(17)	3	(18)	12
(19)	7	(20)	1		

㉝ 式と計算──②

1
(1)	81	(2)	13	(3)	79
(4)	41	(5)	29	(6)	16
(7)	34	(8)	31	(9)	41
(10)	13				

2
(1)	57	(2)	79	(3)	2
(4)	11	(5)	1	(6)	31
(7)	51	(8)	44	(9)	34
(10)	31	(11)	222	(12)	102
(13)	141	(14)	11	(15)	288
(16)	498	(17)	1000	(18)	592
(19)	9	(20)	39		

㉞ 式と計算──③

1
(1)	102	(2)	14	(3)	32
(4)	84				

2
(1)	91	(2)	33	(3)	31
(4)	9	(5)	50	(6)	18
(7)	19	(8)	144	(9)	129

考え方・とき方

▶（ ）がある式は，（ ）のなかを先に計算します。

1(9), (10)や，**2**(15)～(20)の答えを見るとわかるように，（ ）があるかないかで答えはかわりますから，気をつけて計算しましょう。

▶式のなかのかけ算やわり算は，（ ）がなくてもたし算やひき算より先に計算するきまりになっています。計算をするときには，式をよく見て，計算するじゅんじょに気をつけましょう。

▶式が長くなっても，式をよく見て，計算するじゅんじょに気をつけて，ていねいに計算しましょう。問題のように，とちゅうの計算を書いていくと，まちがいも少なくなります。

㉟ 式と計算──④

①
$6 - 5 + 2 - 3 = 0$
$6 \times (3 - 2) - 5 = 1$
$3 + 6 - 5 - 2 = 2$
$(2 + 5 - 6) \times 3 = 3$
$6 \times 2 - 3 - 5 = 4$
$5 \times 2 \times 3 \div 6 = 5$
$(3 + 2) \times 6 \div 5 = 6$
$2 \times 3 + 6 - 5 = 7$
$(3 + 6 - 5) \times 2 = 8$
$5 + 6 \div 3 \times 2 = 9$

②
$7 - 5 + 2 - 3 = 1$
$(5 + 7) \div 3 \div 2 = 2$
$3 - (7 - 5) + 2 = 3$
$2 + (3 + 7) \div 5 - 4$
$(7 - 3 \times 2) \times 5 = 5$
$2 \times 7 - 5 - 3 = 6$
$5 - 3 + 7 - 2 = 7$
$3 \times 2 + 7 - 5 = 8$
$(7 + 5) \div 2 + 3 = 9$
$5 \times (7 - 2 - 3) = 10$

考え方・とき方

▶式のつくり方は，左の答え以外にもあります。いろいろとくふうしてみましょう。

㊱ 「式と計算」のまとめ

1 式　42 × (12 + 15) = 1134
答え　1134 円

2 式　63 + 45 × 7 = 378
答え　378 円

3 式　200 − 6 × 28 = 32
答え　32cm

4 式　(500 + 350) ÷ 5 = 170
答え　170mL

5 式　400 × 6 + 150 × 14 = 4500
答え　4500 円

6 式　(331 − 7) ÷ 6 = 54
答え　54g

㊲ 小数のかけ算—①

1
(1) 56　　(2) 5.6　　(3) 54
(4) 5.4　　(5) 72　　(6) 7.2
(7) 78　　(8) 7.8　　(9) 423
(10) 42.3

2
(1) 3.2　　(2) 9.6　　(3) 9.2
(4) 12.9　　(5) 21.6　　(6) 53.6
(7) 44.4　　(8) 60.2　　(9) 45.5

考え方・とき方

▶ ( ) を使って，式を1つにまとめたりします。

1は，2人分を別々に考えて，

42 × 12 + 42 × 15

= 504 + 630

= 1134(円)

とすることもできますが，2人の買ったえんぴつの本数を先に合計すると，1回のかけ算で計算できます。**4**も，同じように考えます。

▶ **1**では，左の問題の答えに小数点をつけると右の問題の答えになります。小数のかけ算は，小数点がないものとして整数と考えてかけ算をし，かけられる数にそろえて小数点をつけます。

38 小数のかけ算──②

(1) 8.5 　(2) 8.4 　(3) 18.4
(4) 43.4 　(5) 56.4 　(6) 29.6
(7) 47.7 　(8) 59.5 　(9) 41.4
(10) 0.8 　(11) 24 　(12) 23.4
(13) 27 　(14) 62.3 　(15) 30

(1) 39.6 　(2) 214.2 　(3) 84.6
(4) 256.5 　(5) 290.4 　(6) 456.8
(7) 208.8 　(8) 322.5 　(9) 275.1
(10) 412 　(11) 361.2 　(12) 314
(13) 534.4 　(14) 88.8 　(15) 431.1

39 小数のかけ算──③

(1) 94.5 　(2) 190.8 　(3) 127.3
(4) 510 　(5) 299.3 　(6) 816

(1) 441.6 　(2) 340.2 　(3) 113.1
(4) 254.6 　(5) 141.1 　(6) 248.4
(7) 414.4 　(8) 126 　(9) 542.9

40 小数のかけ算──④

(1) 3.92 　(2) 4.74 　(3) 8.2
(4) 7.44 　(5) 33.36 　(6) 29
(7) 53.92 　(8) 46.62 　(9) 65.87

(1) 3.04 　(2) 11.12 　(3) 17.22
(4) 19.3 　(5) 37.44 　(6) 28.26
(7) 28.2 　(8) 22.26 　(9) 19.32
(10) 48.54 　(11) 38.71 　(12) 29.2
(13) 14.04 　(14) 30.96 　(15) 88.65

考え方・とき方

▶ 1(10)は，0.8が答えです。一の位の0をわすれずに書きましょう。

▶かける数が2けたになっても，計算のしかたは同じです。積の小数点をわすれないようにしましょう。

▶小数第2位まである小数と整数とのかけ算です。計算のしかたはこれまでと同じです。小数点がないものとして整数と考えてかけ算をし，かけられる数にそろえて小数点を打ちます。

41 小数のかけ算──⑤

1 (1) 9.43　(2) 19.43　(3) 15.12
　 (4) 28.52　(5) 39　(6) 26.64

2 (1) 63.24　(2) 10.92　(3) 55.5
　 (4) 38.64　(5) 78.66　(6) 50.24
　 (7) 60　(8) 90.44　(9) 97.75

考え方・とき方

▶ 小数第2位まである小数と2けたの整数とのかけ算です。計算のしかたはこれまでと同じです。

小数第3位，小数第4位まである小数の場合も同じように計算します。

42 小数のわり算──①

1 (1) 4　(2) 0.4　(3) 6　(4) 0.6
　 (5) 9　(6) 0.9　(7) 7　(8) 0.7
　 (9) 8　(10) 0.8

2 (1) 2.6　(2) 3.4　(3) 2.4　(4) 1.7
　 (5) 1.2　(6) 1.4

▶ 1では，左の問題の答えに小数点をつけると右の問題の答えになります。

43 小数のわり算──②

1 (1) 0.6　(2) 0.7　(3) 0.9　(4) 0.3
　 (5) 0.7　(6) 0.4

2 (1) 1.9　(2) 0.9　(3) 1.4　(4) 1.2
　 (5) 0.7　(6) 1.3　(7) 3.7　(8) 0.8
　 (9) 2.8

▶ わられる数の小数点以下を指でかくしてみて，わる数がわられる数より大きいとき商の一の位に0がたちます。

44 小数のわり算──③

1 (1) 7.6　(2) 16.9　(3) 5.7
　 (4) 4.3　(5) 28.7　(6) 7.9
　 (7) 7.2　(8) 12.7　(9) 12.9

2 (1) 0.6　(2) 2.3　(3) 2.6
　 (4) 0.9　(5) 3.4　(6) 3.8
　 (7) 1.2　(8) 0.5　(9) 1.1

▶ 整数の3けた÷1けたや，3けた÷2けたの計算と同じです。わられる数の小数点にそろえて商に小数点を打ちます。

㊺ 小数のわり算—④

1
(1) 0.35　(2) 1.89　(3) 0.57
(4) 0.54　(5) 0.14　(6) 0.06

2
(1) 0.49　(2) 1.56　(3) 0.78
(4) 0.73　(5) 0.19　(6) 0.03
(7) 0.31　(8) 0.05　(9) 0.17

㊻ 小数のわり算—⑤

1
(1) 0.8 あまり 0.1　(2) 0.7 あまり 0.7
(3) 0.6 あまり 0.4　(4) 1.4 あまり 0.3
(5) 3.8 あまり 0.1　(6) 1.9 あまり 0.3

2
(1) 4.9 あまり 0.1　(2) 5.7 あまり 0.6
(3) 13.3 あまり 0.6　(4) 8.5 あまり 0.3
(5) 2 あまり 0.5　(6) 3.4 あまり 1.5
(7) 1.9 あまり 3　(8) 0.4 あまり 3.1
(9) 2 あまり 1.3

㊼ 小数のわり算—⑥

1
(1) 0.75　(2) 0.65　(3) 4.65

2
(1) 1.92　(2) 0.64　(3) 2.35
(4) 0.65　(5) 0.425　(6) 0.375

㊽ 小数のわり算—⑦

1
(1) 1.2　(2) 2.9　(3) 0.8
(4) 8.3　(5) 0.8

2
(1) 0.54　(2) 1.8　(3) 0.043
(4) 0.88　(5) 2.92　(6) 0.66

考え方・とき方

▶小数第2位まである小数を整数でわります。計算のしかたはこれまでと同じです。整数のわり算と考えて計算し，わられる数の小数点にそろえて商に小数点を打ちます。

▶あまりを出す場合，わられる数のもとの小数点にそろえてあまりに小数点を打ちます。
小数の場合も，

　　わる数×商＋あまり

を計算するとわられる数になることで，答えのたしかめができます。
ただし，ここでは，整数×小数をまだ学習していないので，

　　商×わる数＋あまり

として計算します。

▶わり切れるまでわるときは，わられる数に小数点以下どこまでも0があるものと考えてわっていきます。

▶商を上から2けたのがい数で表すとき，最初に0以外の商がたつ位から3けた目を四捨五入します。気をつけて計算しましょう。

㊾ 「小数のかけ算・わり算」のまとめ

1 式　4.7 × 4 ＝ 18.8　　答え　18.8cm

2 式　1.7 × 24 ＝ 40.8　　答え　40.8cm

3 式　1.5 × 6 × 12 ＝ 108
答え　108L

4 式　60.8 ÷ 32 ＝ 1.9　　答え　1.9m

5 式　33.6 ÷ 4 ＝ 8.4　　答え　8.4cm

6 式　420 ÷ 52 ＝ 8.07…
答え　およそ8.1km

㊿ 分数 ─ ①

1
(1) $\frac{4}{3}$　(2) $\frac{9}{4}$　(3) $\frac{8}{5}$　(4) $\frac{17}{5}$

(5) $\frac{11}{5}$　(6) $\frac{9}{2}$　(7) $\frac{9}{7}$　(8) $\frac{11}{3}$

(9) $\frac{11}{4}$　(10) $\frac{13}{3}$

2
(1) $1\frac{2}{3}$　(2) $2\frac{3}{4}$　(3) $1\frac{4}{5}$　(4) $1\frac{1}{6}$

(5) $2\frac{1}{8}$　(6) 3　(7) $2\frac{2}{9}$　(8) $1\frac{7}{8}$

(9) $3\frac{1}{4}$　(10) 4

考え方・とき方

▶ **3** は，3つの数のかけ算になります。前からじゅんに計算すると，

　　1.5 × 6 × 12
　＝ 9 × 12
　＝ 108

となります。

▶帯分数の整数部分と分母をかけて分子にたすと，仮分数になります。分母はそのままです。

また，仮分数を帯分数または整数で表すには，分子÷分母を計算し，その商を整数部分，あまりを分子にします。分母はそのままです。分子が分母でわり切れるときは，整数になります。

51 分数─②

1 (1) $\dfrac{13}{4}$ (2) $\dfrac{7}{9}$ (3) $\dfrac{4}{7}$ (4) 3

(5) $\dfrac{7}{5}$ (6) 10   (7) $\dfrac{5}{3}$ (8) $\dfrac{7}{8}$

(9) $\dfrac{12}{11}$ (10) $\dfrac{9}{10}$

2 (1) $\dfrac{7}{6}$ (2) $\dfrac{17}{7}$ (3) 1   (4) $\dfrac{19}{3}$

(5) 6   (6) $\dfrac{8}{9}$ (7) $\dfrac{14}{5}$ (8) $\dfrac{11}{8}$

(9) $\dfrac{7}{10}$ (10) $\dfrac{8}{11}$ (11) $\dfrac{17}{13}$ (12) 1

(13) $\dfrac{5}{12}$ (14) $\dfrac{19}{14}$ (15) $\dfrac{13}{12}$ (16) $\dfrac{9}{13}$

(17) $\dfrac{26}{19}$ (18) $\dfrac{7}{25}$ (19) $\dfrac{9}{16}$ (20) $\dfrac{29}{36}$

52 分数─③

1 (1) $3\dfrac{3}{4}$ (2) $7\dfrac{6}{7}$ (3) $7\dfrac{4}{5}$ (4) $7\dfrac{5}{6}$

(5) $5\dfrac{4}{9}$ (6) $5\dfrac{9}{10}$ (7) $8\dfrac{7}{8}$ (8) $8\dfrac{7}{9}$

(9) $4\dfrac{11}{13}$ (10) $2\dfrac{13}{15}$

2 (1) $4\dfrac{1}{4}$ (2) $9\dfrac{2}{5}$ (3) $7\dfrac{3}{7}$ (4) 5

(5) $8\dfrac{3}{8}$ (6) $8\dfrac{1}{6}$ (7) 6   (8) $6\dfrac{4}{9}$

(9) $3\dfrac{3}{10}$ (10) $2\dfrac{5}{12}$

考え方・とき方

▶分子÷分母がわり切れるときは整数，わり切れないときは仮分数で答えます。

▶帯分数のたし算は，仮分数に直してから計算することもできます。例えば，**1**(1)は，次のようになります。

$$1\dfrac{2}{4}+2\dfrac{1}{4}=\dfrac{6}{4}+\dfrac{9}{4}$$
$$=\dfrac{15}{4}=3\dfrac{3}{4}$$

53 分数—④

1
(1) $3\frac{1}{4}$　(2) $5\frac{3}{5}$　(3) $4\frac{5}{9}$　(4) $5\frac{3}{7}$

(5) $6\frac{1}{6}$　(6) $1\frac{3}{8}$　(7) $2\frac{1}{9}$　(8) $4\frac{3}{10}$

(9) $3\frac{4}{15}$　(10) 5

2
(1) $2\frac{3}{4}$　(2) $3\frac{5}{6}$　(3) $4\frac{2}{5}$　(4) $2\frac{4}{7}$

(5) $5\frac{4}{9}$　(6) $4\frac{3}{8}$　(7) $\frac{7}{10}$　(8) $\frac{6}{7}$

(9) $2\frac{2}{3}$　(10) $5\frac{7}{11}$

54 「分数」のまとめ

1 式　$\frac{4}{7}+\frac{2}{7}=\frac{6}{7}$　答え　$\frac{6}{7}$km

2 式　$\frac{9}{8}-\frac{6}{8}=\frac{3}{8}$

答え　ジュースが$\frac{3}{8}$L多い

3 式　$1\frac{2}{5}-\frac{3}{5}=\frac{4}{5}$　答え　$\frac{4}{5}$kg

4 式　$\frac{13}{6}-\frac{8}{6}=\frac{5}{6}$　答え　$\frac{5}{6}$m

5 式　$4\frac{2}{9}+3\frac{7}{9}=8$　答え　8L

6 式　$3\frac{4}{7}+1\frac{6}{7}=5\frac{3}{7}$

答え　$5\frac{3}{7}$kg

考え方・とき方

▶帯分数のひき算は，仮分数に直してから計算することもできます。例えば，**1**(1)は，次のようになります。

$$5\frac{3}{4}-2\frac{2}{4}=\frac{23}{4}-\frac{10}{4}$$
$$=\frac{13}{4}=3\frac{1}{4}$$

▶分数になっても，整数や小数のときと同じように式をたてます。

内よう	勉強した日		得点	得点グラフ					
				0　　20　　40　　60　　80　100					
かき方	10月 24日		74点						
㉘ がい数とその計算 ー ②	月	日	点						
㉙ がい数とその計算 ー ③	月	日	点						
㉚ がい数とその計算 ー ④	月	日	点						
㉛ 「がい数とその計算」のまとめ	月	日	点						
㉜ 式と計算 ー ①	月	日	点						
㉝ 式と計算 ー ②	月	日	点						
㉞ 式と計算 ー ③	月	日	点						
㉟ 式と計算 ー ④	月	日	点						
㊱ 「式と計算」のまとめ	月	日	点						
㊲ 小数のかけ算 ー ①	月	日	点						
㊳ 小数のかけ算 ー ②	月	日	点						
㊴ 小数のかけ算 ー ③	月	日	点						
㊵ 小数のかけ算 ー ④	月	日	点						
㊶ 小数のかけ算 ー ⑤	月	日	点						
㊷ 小数のわり算 ー ①	月	日	点						
㊸ 小数のわり算 ー ②	月	日	点						
㊹ 小数のわり算 ー ③	月	日	点						
㊺ 小数のわり算 ー ④	月	日	点						
㊻ 小数のわり算 ー ⑤	月	日	点						
㊼ 小数のわり算 ー ⑥	月	日	点						
㊽ 小数のわり算 ー ⑦	月	日	点						
㊾ 「小数のかけ算・わり算」のまとめ	月	日	点						
㊿ 分数 ー ①	月	日	点						
51 分数 ー ②	月	日	点						
52 分数 ー ③	月	日	点						
53 分数 ー ④	月	日	点						
54 「分数」のまとめ	月	日	点						